학습 스케줄표

공부한 날짜를 쓰고 학습한 후 부모님·선생님께 확인을 받으세요.

1주

	쪽수	공부한 날	확인
준비	6~9쪽	월 일	확인
1일	10~13쪽	월 일	확인
2일	14~17쪽	월 일	확인
3일	18~21쪽	월 일	확인
4일	22~25쪽	월 일	확인
5일	26~29쪽	월 일	확인
평가	30~33쪽	월 일	확인

2주

	쪽수	공부한 날	확인
준비	36~39쪽	월 일	확인
1일	40~43쪽	월 일	확인
2일	44~47쪽	월 일	확인
3일	48~51쪽	월 일	확인
4일	52~55쪽	월 일	확인
5일	56~59쪽	월 일	확인
평가	60~63쪽	월 일	확인

3주

	쪽수	공부한 날	확인
준비	66~69쪽	월 일	확인
1일	70~73쪽	월 일	확인
2일	74~77쪽	월 일	확인
3일	78~81쪽	월 일	확인
4일	82~85쪽	월 일	확인
5일	86~89쪽	월 일	확인
평가	90~93쪽	월 일	확인

4주

	쪽수	공부한 날	확인
준비	96~99쪽	월 일	확인
1일	100~103쪽	월 일	확인
2일	104~107쪽	월 일	확인
3일	108~111쪽	월 일	확인
4일	112~115쪽	월 일	확인
5일	116~119쪽	월 일	확인
평가	120~123쪽	월 일	확인

**Chunjae
Makes
Chunjae**

▼

기획총괄	박금옥
편집개발	윤경옥, 박초아, 김연정, 김수정, 조은영
	임희정, 이혜지, 최민주, 한인숙
디자인총괄	김희정
표지디자인	윤순미, 김지현, 심지현
내지디자인	박희춘, 우혜림
제작	황성진, 조규영

발행일	2023년 5월 15일 초판 2023년 5월 15일 1쇄
발행인	(주)천재교육
주소	서울시 금천구 가산로9길 54
신고번호	제2001-000018호
고객센터	1577-0902

초등 문해력
독해가 힘이다

3-B 문장제 수학편

주별 Contents «

요즘 학생들은 책보다 스마트폰에 빠져 있고 모르는 어휘도 많아서 글을 읽고 이해하는 능력, 즉 문해력이 부족한 경우가 많아요.

수학 문제도 3줄이 넘어가면 아이들이 읽기 힘들어 하고 무슨 뜻인지 이해하지 못하는 경우가 많지요. 그래서 수학 문제를 푸는 데에도 문해력이 필요해요!

〈초등문해력 독해가 힘이다 문장제 수학편〉은
읽고 이해하여 문제해결력을 강화하는 수학 문해력 훈련서입니다.

매일 4쪽씩, 28일 학습으로
자기 주도 학습이 가능해요.

수학 문해력을 기르는
준비 학습

준비 학습 문해력 기초 다지기
문장제에 적용하기

◇ 연산 문제가 어떻게 문장제가 되는지 알아봅니다.

1 301×3
	3	0	1
×			3

» 301씩 3묶음은 얼마인가요?

식 _____ $301 \times 3 =$ ☐

답 _____

2 172×3

» 지유는 172쪽짜리 역사 만화책을 3권 읽었습니다.
지유가 읽은 역사 만화책은 모두 몇 쪽인가요?

식 _____

답 _____ 쪽

3 516×5

» 승객이 한 번에 516명씩 탈 수 있는 *유람선이 있습니다.
이 유람선이 하루에 5번 운행된다면
하루에 유람선에 탈 수 있는 승객은 모두 몇 명인가요?

식 _____

답 _____ 명

*유람선: 구경하는 손님을 태우고 다니는 배

준비 학습 문해력 기초 다지기
문장 읽고 문제 풀기

◇ 간단한 문장제를 풀어 봅니다.

1 스피드 스케이팅의 *트랙 한 바퀴의 거리는 400 m입니다.
이 트랙 6바퀴의 거리는 모두 몇 m인가요?

식 _____ 답 _____

2 밭에서 수확한 배추를 트럭 한 대에 211포기씩 실었습니다.
트럭 7대에 실은 배추는 모두 몇 포기인가요?

식 _____ 답 _____

3 1년의 날수가 365일이라고 할 때
3년의 날수는 모두 며칠인가요?

식 _____ 답 _____

문장제에 적용하기
연산, 기초 문제가 어떻게 문장제가 되는지 알아 봐요.

문장 읽고 문제 풀기
이번 주에 풀 문장제 유형의 가장 단순한 문장제 를 풀면서 기초를 다져요.

수학 문해력을 기르는

1일~4일 학습

문제 속 핵심 키워드 찾기 → **해결 전략 세우기** → 전략에 따라 문제 풀기 → 문해력 레벨업 으로 이어지는 학습법

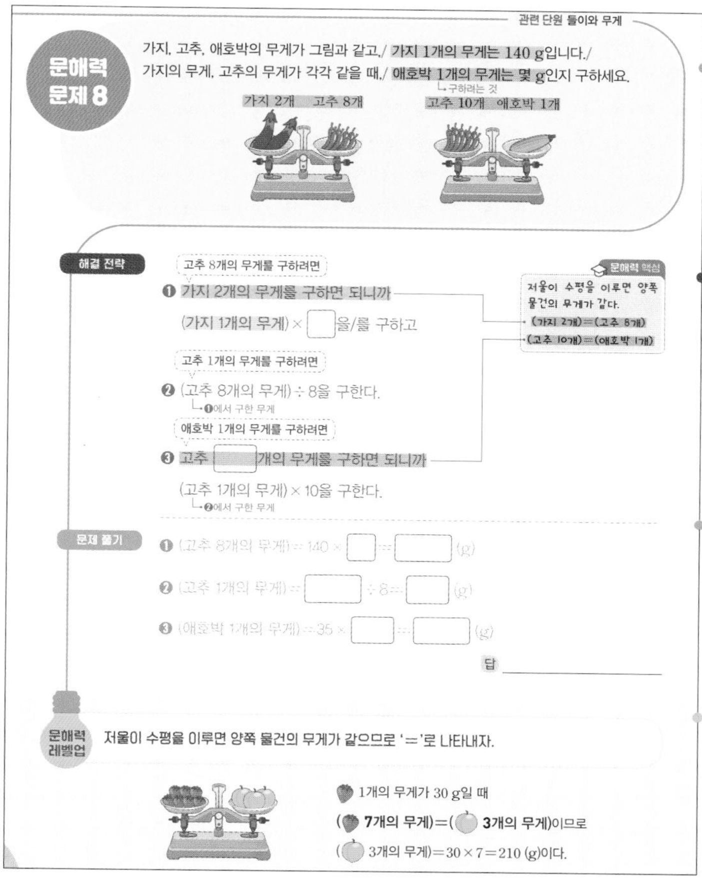

관련 단원 들이와 무게

문해력 문제 8

가지, 고추, 애호박의 무게가 그림과 같고,/ 가지 1개의 무게는 140 g입니다./ 가지의 무게, 고추의 무게가 각각 같을 때,/ 애호박 1개의 무게는 몇 g인지 구하세요.
└구하려는 것

가지 2개   고추 8개   고추 10개   애호박 1개

해결 전략

고추 8개의 무게를 구하려면
❶ 가지 2개의 무게를 구하면 되니까

(가지 1개의 무게)× [ ] 을/를 구하고

고추 1개의 무게를 구하려면
❷ (고추 8개의 무게)÷8을 구한다.
└❶에서 구한 무게

애호박 1개의 무게를 구하려면
❸ 고추 [ ] 개의 무게를 구하면 되니까

(고추 1개의 무게)×10을 구한다.
└❷에서 구한 무게

> 문해력 핵심
> 저울이 수평을 이루면 양쪽 물건의 무게가 같다.
> (가지 2개)=(고추 8개)
> (고추 10개)=(애호박 1개)

문제 풀기

❶ (고추 8개의 무게)=140 × [ ] = [ ] (g)

❷ (고추 1개의 무게)= [ ] ÷8= [ ] (g)

❸ (애호박 1개의 무게)=35 × [ ] = [ ] (g)

답 _____

문해력 레벨업 저울이 수평을 이루면 양쪽 물건의 무게가 같으므로 '='로 나타내자.

1개의 무게가 30 g일 때
(🍎 **7개**의 무게)=(🍎 **3개**의 무게)이므로
(🍎 3개의 무게)=30×7=210 (g)이다.

문제 속 핵심 키워드 찾기

문제를 끊어 읽으면서 핵심이 되는 말인 주어진 조건과 구하려는 것을 찾아 표시해요.

해결 전략 세우기

찾은 핵심 키워드를 수학적으로 어떻게 바꾸어 적용해서 문제를 풀지 전략을 세워요.

전략에 따라 문제 풀기

세운 해결 전략 ❶ → ❷ → ❸의 순서에 따라 문제를 풀어요.

문해력 레벨업 수학 문해력을 한 단계 올려주는 비법 전략을 알려줘요.

문해력 문제의 풀이를 따라
쌍둥이 문제 → 문해력 레벨 1 → 문해력 레벨 2 를
차례로 풀며 수준을 높여가며 훈련해요.

수학 문해력을 기르는

5일 학습

HME 경시 기출 유형, 수능대비 창의·융합형 문제를 풀면서 수학 문해력 완성하기

1주

곱셈

같은 수를 여러 번 더하는 경우, 즉 몇 개씩 몇 묶음, 몇 배, 곱 등을 구하는 상황에서는 곱셈식을 세워서 구해요.
다양한 상황의 곱셈 문제를 주의 깊게 읽으면서 알맞은 곱셈식을 세우고 올림에 주의해서 계산하며 재미있게 문제를 해결해 봐요.

이번 주에 나오는 어휘 & 지식백과 🔍

6쪽 **유람선** (遊 놀 유, 覽 볼 람, 船 배 선)
구경하는 손님을 태우고 다니는 배

9쪽 **예선 경기** (豫 미리 예, 選 가릴 선, 競 다툴 경, 技 재주 기)
본선에 나갈 선수나 팀을 뽑는 경기

12쪽 **위안**
중국의 화폐 단위

14쪽 **공병 보증금** (空 빌 공, 瓶 병 병, 保 지킬 보, 證 증거 증, 金 쇠 금)
음료 제품을 판매할 때 제품 가격에 빈 병 값을 포함해 판매한 후 빈 병을 반환할 때
돌려주는 보증금

19쪽 **경전철** (輕 가벼울 경, 電 번개 전, 鐵 쇠 철)
실어나르는 인원과 운행 거리가 기존 전철의 절반 정도인 가벼운 무게의 전철

29쪽 **윤년** (閏 윤달 윤, 年 해 년)
2월이 29일인 해로, 윤년은 4년마다 한 번씩 있고 이 해에는 1년이 366일이다.

31쪽 **아쿠아리움** (aquarium)
물속에 사는 동식물을 관찰하고 체험할 수 있도록 큰 수족관을 갖추어 놓은 곳

문해력 기초 다지기

○ 연산 문제가 어떻게 문장제가 되는지 알아봅니다.

1 301 × 3

	3	0	1
×			3

≫ **301**씩 **3**묶음은 얼마인가요?

식 _____ 301 × 3 = ⬚

답 _____

2 172 × 3

≫ 지유는 **172**쪽짜리 역사 만화책을 **3**권 읽었습니다.
지유가 읽은 **역사 만화책은 모두 몇 쪽**인가요?

식 _____

꼭! 단위까지 따라 쓰세요.

답 _____ 쪽

3 516 × 5

≫ 승객이 한 번에 **516명**씩 탈 수 있는 *유람선이 있습니다.
이 유람선이 하루에 **5번** 운행된다면
하루에 유람선에 탈 수 있는 **승객은 모두 몇 명**인가요?

식 _____

답 _____ 명

문해력 어휘
유람선: 구경하는 손님을 태우고 다니는 배

4 **50 × 70**

승연이는 저금통에 **50원**짜리 동전을 **70개** 모았습니다.
모은 동전의 **금액**은 모두 얼마인가요?

식 _____

꼭! 단위까지
따라 쓰세요.

답 _____ 원

5 **8 × 24**

튤립을 **8송이**씩 묶어 꽃다발 **24묶음**을 만들었습니다.
꽃다발을 만드는 데 사용한 **튤립**은 모두 **몇** 송이인가요?

식 _____

답 _____ 송이

6 **36 × 57**

라윤이는 윗몸 말아 올리기를 매일 **36회**씩 하였습니다.
라윤이가 **57일** 동안 한 윗몸 말아 올리기는 모두 **몇** 회인가요?

식 _____

답 _____ 회

문해력 기초 다지기

◑ 간단한 문장제를 풀어 봅니다.

1 스피드 스케이팅의※트랙 한 바퀴의 거리는 **400 m**입니다.
이 트랙 **6바퀴**의 거리는 모두 몇 **m**인가요?

식 _____   답 _____

2 밭에서 수확한 배추를 트럭 한 대에 **211포기씩** 실었습니다.
트럭 **7대**에 실은 **배추는 모두 몇 포기**인가요?

식 _____   답 _____

3 1년의 날수가 **365일**이라고 할 때
3년의 날수는 모두 **며칠**인가요?

식 _____   답 _____

문해력 어휘 📖
트랙: 경기장이나 경마장의 경주로

4 시계의 긴바늘이 한 바퀴 도는 데 걸리는 시간은 **60분**입니다.
긴바늘이 시계를 **20바퀴** 도는 데 걸리는 시간은 **모두 몇 분**인가요?

식 _____ 답 _____

5 민후가 딸기밭에서 딴 딸기를 한 상자에 **27개씩** 담았더니 **30상자**에 가득 찼습니다.
민후가 딴 **딸기는 모두 몇 개**인가요?

식 _____ 답 _____

6 수영 대회에 참가한 선수들이
8명씩 32모둠으로 나누어 ※예선 경기를 하였습니다.
예선 경기를 한 **선수는 모두 몇 명**인가요?

출처: @Suzznne Tucker/shutterstock

식 _____ 답 _____

7 인형극 공연장에 의자를 한 줄에 **28개씩 41줄**로 놓았습니다.
이 공연장에 놓은 **의자는 모두 몇 개**인가요?

식 _____ 답 _____

문해력 어휘
예선 경기: 본선에 나갈 선수나 팀을 뽑는 경기

준비
학습
9

1^일 수학 문해력 기르기

관련 단원 곱셈

문해력 문제 1

준승이네 학교 3학년 학생들이/ 응원 도구를 한 명이 하나씩 만들려고 합니다./
3학년 반별 학생 수가 다음과 같고,/ 풍선을 3개씩 붙여 응원 도구 하나를 만들 때/
필요한 풍선은/ 모두 몇 개인지 구하세요.
└ 구하려는 것

반	1반	2반	3반
학생 수(명)	22	26	25

해결 전략

❶ 한 명이 필요한 풍선의 수를 구하고

> 3학년 전체 학생 수를 구하려면

❷ 1반, 2반, 3반의 학생 수를 더한다.

> 필요한 전체 풍선의 수를 구하려면 ┌ +, −, ×, ÷ 중 알맞은 것 쓰기

❸ (한 명이 필요한 풍선의 수) ◯ (전체 학생 수)를 구한다.
└ ❷에서 구한 학생 수

- -

문제 풀기

❶ (한 명이 필요한 풍선의 수)=☐ 개

❷ (3학년 전체 학생 수)=22+26+☐=☐ (명)

❸ (필요한 전체 풍선의 수)=3◯☐=☐ (개)

답 _____

문해력 레벨업

전체 수를 구하는 곱셈식을 세우려면 곱하는 두 수를 찾자.

필요한 전체 풍선의 수를 구하려면

❶ 한 명이 필요한 풍선의 수를 구하고 > ❷ 전체 학생 수를 구한 후 > ❸ 구한 두 수를 곱한다.

쌍둥이 문제

1-1 농구 대회에 참가한 선수에게/ 티셔츠를 한 벌씩 나누어 주려고 합니다./ 초등학교별 참가한 팀의 수가 다음과 같고,/ 한 팀당 선수가 5명씩이라면/ 필요한 티셔츠는 모두 몇 벌인가요?

초등학교	샛별	하늘	소라
팀의 수(팀)	12	9	15

따라 풀기 ❶

❷

❸

답 _____

문해력 레벨 1

1-2 민하는 7월 한 달 동안/ 매주 화요일, 목요일, 토요일마다/ 수영을 하루에 45분씩 했습니다./ 민하가 7월 한 달 동안 수영을 한 시간은/ 모두 몇 분인가요?

스스로 풀기 ❶ 화, 목, 토요일의 날수를 더하여 수영을 한 날수를 구한다.

❷ 7월 한 달 동안 수영을 한 전체 시간을 구한다.

7

일	월	화	수	목	금	토
		1	2	3	4	5
6	7	8	9	10	11	12
13	14	15	16	17	18	19
20	21	22	23	24	25	26
27	28	29	30	31		

답 _____

문해력 레벨 2

1-3 서아네 학교 3학년 학생에게 연필을 4자루씩 나누어 주려고 합니다./ 연필이 400자루 있고,/ 3학년 반별 학생 수가 다음과 같을 때/ 연필은 몇 자루 더 필요한가요?

반	1반	2반	3반	4반
학생 수(명)	25	27	24	28

스스로 풀기 ❶ 3학년 전체 학생 수를 구한다.

❷ 나누어 줄 전체 연필의 수를 구한다.

❸ 더 필요한 연필의 수를 구한다.

답 _____

문해력 문제 2

윤지는 중국 돈 ※6위안과/ 저금통에 모은 50원짜리 동전 64개를/
은행에 가지고 가서 저금하였습니다./
이날 중국 돈 1위안은/ 우리나라 돈 185원과 같았습니다./
윤지가 이날 은행에 저금한 돈은/ 우리나라 돈으로 모두 얼마인지 구하세요.
└ 구하려는 것

해결 전략

📖 문해력 백과
위안: 중국의 화폐 단위

6위안을 우리나라 돈으로 바꾼 금액을 구하려면
❶ (1위안을 우리나라 돈으로 바꾼 금액) × ☐ 을 구하고

저금통에 모은 돈을 구하려면
❷ 50 × (모은 50원짜리 동전의 수)를 구한다.

은행에 저금한 돈을 구하려면
❸ (6위안을 우리나라 돈으로 바꾼 금액) + (저금통에 모은 돈)을 구한다.
└ ❶에서 구한 금액   └ ❷에서 구한 금액

문제 풀기

❶ (6위안을 우리나라 돈으로 바꾼 금액) = ☐ × 6 = ☐ (원)

❷ (저금통에 모은 돈) = 50 × 64 = ☐ (원)

❸ (은행에 저금한 돈) = ☐ + ☐ = ☐ (원)

답 _____

문해력 레벨업

곱셈식을 만든 후 구하려는 것에 따라 합 또는 차를 구하자.

예 **100원짜리 동전 8개와 50원짜리 동전 10개가 있다.**

동전이 모두 얼마인지 구하려면

100원짜리 동전 8개	+	50원짜리 동전 10개
$100 \times 8 = 800$(원)		$50 \times 10 = 500$(원)

100원짜리 동전이 얼마 더 많은지 구하려면

100원짜리 동전 8개	−	50원짜리 동전 10개
$100 \times 8 = 800$(원)		$50 \times 10 = 500$(원)

쌍둥이 문제

2-1 희준이네 반 친구들이 분식집에 가서/ 라면 12그릇과 김밥 13줄을 먹었습니다./ 다음을 보고 희준이네 반 친구들이 먹은 음식에 들어 있는/ 탄수화물은 모두 몇 g인지 구하세요.

영양 정보	라면 1그릇
탄수화물	77 g
단백질	12 g
지방	16 g

영양 정보	김밥 1줄
탄수화물	73 g
단백질	13 g
지방	15 g

따라 풀기 ❶

❷

❸

답 _____

문해력 레벨 1

2-2 어느 문구점에서는 색연필 한 자루를 410원에 사 와서/ 800원에 팔고,/ 수첩 한 권을 720원에 사 와서/ 1400원에 판다고 합니다./ 이 문구점에서 색연필 5자루와/ 수첩 7권을 팔았다면/ 이익은 모두 얼마인가요?

스스로 풀기 ❶ 색연필 한 자루의 이익을 구하여 5자루를 팔았을 때 이익을 구한다.

문해력 핵심 🎓
(물건을 팔았을 때의 이익)
＝(사 온 금액)－(판 금액)

❷ 수첩 한 권의 이익을 구하여 7권을 팔았을 때 이익을 구한다.

❸ 색연필 5자루와 수첩 7권을 팔았을 때 이익을 구한다.

답 _____

수학 문해력 기르기

문해력 문제 3

윤호는 5주일 동안/ 매일 탄산음료를 한 병씩 사 마셨습니다./
빈 병을 가게에 되돌려주면/[※]공병 보증금을 한 병에 70원씩 줍니다./
윤호가 5주일 동안 마신 탄산음료의 빈 병을 모두 모아 가게에 되돌려준다면/
받을 수 있는 공병 보증금은/ 모두 얼마인지 구하세요.
└ 구하려는 것

해결 전략

📖 **문해력 백과**

공병 보증금: 음료의 판매 가격에 빈 병 값을 포함해 판매한 후 빈 병을 반환할 때 돌려주는 보증금

모은 전체 빈 병의 수를 구하려면

❶ 5주일의 날수를 구하고

받을 수 있는 전체 공병 보증금을 구하려면
+, −, ×, ÷ 중 알맞은 것 쓰기

❷ (병 하나의 공병 보증금) ◯ (모은 전체 빈 병의 수)를 구한다.
└ ❶에서 구한 수

문제 풀기

❶ (5주일의 날수)=7×5=☐(일)이므로

(모은 전체 빈 병의 수)=☐병이다.

❷ (받을 수 있는 전체 공병 보증금)

=☐×☐=☐(원)

답 _____

문해력 레벨업

문제에서 주어진 조건의 단위를 같게 만들자.

예 하루에 50원씩 저금할 때 **3주일 동안** 저금하는 금액 구하기

⤷ 3주일을 며칠로 바꾸어 생각한다.

21일 동안

예 1분에 송편을 3개씩 만들 때 쉬지 않고 **한 시간 동안** 만드는 송편의 수 구하기

⤷ 한 시간을 몇 분으로 바꾸어 생각한다.

60분 동안

쌍둥이 문제

3-1 예준이는 영어 단어를/ 매일 25개씩 외웁니다./ 7월, 8월, 9월
세 달 동안/ 외우는 영어 단어는/ 모두 몇 개인가요?

따라 풀기 ❶

❷

답 _____

문해력 레벨 1

┌→무게의 단위. '그램'이라고 읽는다.

3-2 시우네 집에서 키우는 강아지의 하루※사료의 양은 35 g이고,/ 고양이의 하루 사료의 양
은 51 g입니다./ 강아지와 고양이가 6주일 동안/ 먹는 사료의 양은 모두 몇 g인가요?

스스로 풀기 ❶ 강아지와 고양이의 하루 사료 양의 합을 구한다.

문해력 어휘 📖
사료: 집에서 기르는 짐승
에게 주는 먹을거리

❷ 6주일은 며칠인지 구한다.

❸ 강아지와 고양이가 먹는 전체 사료의 양을 구한다.

답 _____

문해력 레벨 2

3-3 장난감 공장에서 기계 한 대가/ 6분 동안 장난감을 14개씩 만듭니다./ 같은 기계 7대가/
쉬지 않고 1시간 동안 만드는 장난감은/ 모두 몇 개인가요?

스스로 풀기 ❶ 1시간은 6분의 몇 배인지 구한다.

❷ 기계 한 대가 1시간 동안 만드는 장난감의 수를 구한다.

❸ 기계 7대가 1시간 동안 만드는 장난감의 수를 구한다.

답 _____

문해력 문제 4

은서와 윤비가 각각 좋아하는 두 자리 수를/
더했더니 60이 되었고,/ 곱했더니 891이 되었습니다./
은서가 좋아하는 수가/ 윤비가 좋아하는 수보다 더 작을 때/
은서와 윤비가 좋아하는 두 자리 수를 각각 구하세요.
└• 구하려는 것

해결 전략

┌ 은서와 윤비가 좋아하는 두 수의 곱을 구하는 표를 만들려면 ┐

❶ (은서가 좋아하는 수) ◯ (윤비가 좋아하는 수)이고
└• >, < 중 알맞은 것 쓰기

(윤비가 좋아하는 수)=60−(⬚ 가 좋아하는 수)임을 이용하여

두 사람이 좋아하는 두 수를 예상해서 곱한다.

┌ 은서와 윤비가 좋아하는 두 수를 각각 구하려면 ┐

❷ 위 ❶에서 만든 표에서 두 수의 곱이 891일 때를 찾는다.

문제 풀기

❶ 좋아하는 두 수의 합이 60이 되도록 표를 만들어 두 수의 곱 구하기

은서가 좋아하는 수	29	28	27
윤비가 좋아하는 수	31		
두 수의 곱	899		

❷ 은서가 좋아하는 수: ⬚ , 윤비가 좋아하는 수: ⬚

답 은서: _____ , 윤비: _____

문해력 레벨업

두 수의 합을 이용하여 표를 만든 후 두 수의 곱을 구하여 문제를 풀자.

📘 합이 25이고 곱이 150인 서로 다른 두 수 구하기
① 합이 25가 되도록 두 수를 정하여 표를 만들고
② 두 수의 곱을 구하여 150인 경우를 찾는다.

한 수	12	11	10
다른 수	13	14	15
두 수의 곱	156	154	150

➜ 두 수는 **10**과 **15**이다.

두 수의 **차**가 클수록
두 수의 **곱**이 작아져.

쌍둥이 문제

4-1 도진이와 어머니의 나이를 더했더니 57이 되었고/ 곱했더니 572가 되었습니다./ 도진이와 어머니의 나이는/ 각각 몇 살인가요?

도진   어머니

따라 풀기

❶ 도진이와 어머니의 나이의 합이 57살이 되도록 표를 만들어 두 나이의 곱을 구한다.

도진이의 나이(살)	10	11	12	13
어머니의 나이(살)	47			
두 나이의 곱				

❷

답 도진: _____, 어머니: _____

문해력 레벨 1

4-2 편의점에서 사탕은 한 봉지에 5개씩 담아 팔고,/ 초코바는 한 봉지에 8개씩 담아 팝니다./ 재영이가 사탕과 초코바를 합해서 34봉지를 샀는데/ 사탕 봉지 수가 초코바 봉지 수보다 더 많았습니다./ 사탕과 초코바의 봉지 수를 곱하면 273일 때,/ 재영이가 산 사탕과 초코바는/ 각각 몇 개인가요?

스스로 풀기

❶ 사탕과 초코바 봉지 수의 합이 34봉지가 되도록 표를 만들어 두 봉지 수의 곱을 구한다.

사탕 봉지 수(봉지)	18	19	20	21
초코바 봉지 수(봉지)	16			
두 봉지 수의 곱				

❷ 사탕 봉지 수와 초코바 봉지 수를 각각 구한다.

❸ 사탕과 초코바의 수를 각각 구한다.

답 사탕: _____, 초코바: _____

3일 수학 문해력 기르기

관련 단원 곱셈

문해력 문제 5

1초에 18 m를 가는 빠르기로 달리는 버스가/
다리를 건너기 시작한 지/ 15초 만에 완전히 건너갔습니다./
이 버스의 길이가 12 m일 때/ 다리의 길이는 몇 m인지 구하세요.
└─ 구하려는 것

해결 전략

버스가 다리를 완전히 건너는 데 달린 거리를 구하려면
❶ (버스가 1초에 가는 거리) × (버스가 달린 시간)을 구하고

다리의 길이를 구하려면   ·+, −, ×, ÷ 중 알맞은 것 쓰기
❷ (❶에서 구한 거리) ◯ (버스의 길이)를 구한다.

문해력 주의

버스가 다리를 완전히 건너는 데 달린 거리를 다리의 길이라고 생각 하지 않도록 한다.

아래의 **문해력 레벨업** 의 그림을 참고해 봐.

문제 풀기

❶ (버스가 다리를 완전히 건너는 데 달린 거리)

$= 18 \times \boxed{} = \boxed{}$ (m)

❷ (다리의 길이) $= \boxed{} \bigcirc 12 = \boxed{}$ (m)

답 _____

문해력 레벨업

버스가 다리를 완전히 건너려면 (다리의 길이)+(버스의 길이)만큼 달려야 한다.

(다리의 길이)=(버스가 다리를 완전히 건너는 데 달린 거리)−(버스의 길이)
(버스의 길이)=(버스가 다리를 완전히 건너는 데 달린 거리)−(다리의 길이)

쌍둥이 문제

5-1 1초에 20 m를 가는 빠르기로 달리는 기차가/ 터널에 들어가기 시작한 지/ 55초 만에 터널을 완전히 통과했습니다./ 이 기차의 길이가 130 m일 때/ 터널의 길이는 몇 m인가요?

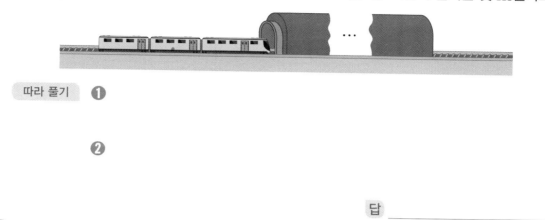

따라 풀기 ❶

❷

답 _____

문해력 레벨 1

5-2 ※경전철이 1초에 16 m를 가는 빠르기로 달려서/ 길이가 1171 m인 다리를 건너려고 합니다./ 경전철이 다리를 건너기 시작한 지/ 75초 만에 완전히 건너갔습니다./ 이 경전철의 길이는 몇 m인가요?

스스로 풀기 ❶

문해력 백과 📖
경전철: 실어 나르는 인원과 운행 거리가 기존 전철의 절반 정도인 가벼운 무게의 전철

❷

답 _____

문해력 레벨 2

5-3 고속열차 A의 길이는 140 m이고,/ 고속열차 B의 길이는 115 m입니다./ 5초에 400 m를 가는 빠르기로 달리는 고속열차 A가/ 터널에 들어가기 시작하여 완전히 통과할 때까지 40초가 걸렸습니다./ 고속열차 B가 이 터널에 들어가기 시작하여 완전히 통과할 때까지/ 달려야 하는 거리는 몇 m인가요?

스스로 풀기 ❶ 고속열차 A가 터널을 완전히 통과하는 데 달린 거리를 구한다.

❷ 터널의 길이를 구한다.

❸ 고속열차 B가 터널을 완전히 통할 때까지 달려야 하는 거리를 구한다.

답 _____

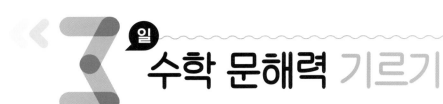
관련 단원 곱셈

문해력 문제 6

길이가 45 cm인/ 종이띠 13장을/
그림과 같이 8 cm씩 겹쳐서/ 이어 붙였습니다./
이어 붙인 종이띠의 전체 길이는/ 몇 cm인지 구하세요.

└ 구하려는 것

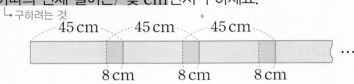

45 cm   45 cm   45 cm

8 cm   8 cm   8 cm   ...

해결 전략

종이띠 13장의 길이의 합을 구하려면

❶ (종이띠 한 장의 길이) × (종이띠의 수)를 구하고

겹쳐진 부분의 길이의 합을 구하려면

❷ (겹쳐진 한 부분의 길이) × (겹쳐진 부분의 수)를 구한 후
                  └ (종이띠의 수)−1

이어 붙인 종이띠의 전체 길이를 구하려면

❸ (종이띠 13장의 길이의 합) ◯ (겹쳐진 부분의 길이의 합)을 구한다.
     └ ❶에서 구한 길이   └ ❷에서 구한 길이

문제 풀기

❶ (종이띠 13장의 길이의 합)=45 × 13= ☐ (cm)

❷ (겹쳐진 부분의 수)=13− ☐ = ☐ (군데)

  (겹쳐진 부분의 길이의 합)=8 × ☐ = ☐ (cm)

❸ (이어 붙인 종이띠의 전체 길이)= ☐ − ☐ = ☐ (cm)

답 _____

문해력 레벨업

한 줄로 이어 붙이면 겹쳐진 부분의 수는 종이띠의 수보다 1 작다.

종이띠 2장   [▭] → 겹쳐진 부분은 **1군데**

종이띠 3장   [▭] → 겹쳐진 부분은 **2군데**

종이띠 4장   [▭] → 겹쳐진 부분은 **3군데**

⋮

→ (겹쳐진 부분의 수)=(종이띠의 수)−**1**

쌍둥이 문제

6-1 길이가 38 cm인/ 종이테이프 21장을/ 11 cm씩 겹쳐서/ 한 줄로 길게 이어 붙였습니다./ 이어 붙인 종이테이프의 전체 길이는/ 몇 cm인가요?

따라 풀기 ❶

❷

❸

답 _____

문해력 레벨 1

6-2 어떤 무당벌레는 앞쪽으로 64 cm를 갔다가/ 다시 뒤쪽으로 18 cm를 되돌아온다고 합니다./ 이 무당벌레가 출발하여 일직선 위에서/ 이와 같은 방법으로 15번 반복해서 움직였다면/ 출발한 곳과 도착한 곳 사이의 거리는/ 몇 m 몇 cm인가요?

스스로 풀기 ❶ 앞쪽으로 15번 간 거리의 합을 구한다.

❷ 뒤쪽으로 15번 되돌아온 거리의 합을 구한다.

❸ 출발한 곳과 도착한 곳 사이의 거리를 구한다.

답 _____

문해력 레벨 2

6-3 길이가 32 cm인/ 색 테이프 41장을/ 같은 길이만큼씩 겹쳐서/ 한 줄로 길게 이어 붙였더니/ 전체 길이가 912 cm였습니다./ 색 테이프를 몇 cm씩 겹쳐서/ 이어 붙인 것인가요?

스스로 풀기 ❶ 색 테이프 41장의 길이의 합을 구한다.

❷ 겹쳐진 부분의 길이의 합을 구한다.

(겹쳐진 부분의 길이의 합)
＝(색 테이프의 길이의 합)
　－(이어 붙인 전체 길이)

❸ 겹쳐진 한 부분의 길이를 구한다.

답 _____

수학 문해력 기르기

문해력 문제 7

어떤 수에 43을 곱해야 할 것을/
잘못하여 34를 뺐더니/ 56이 되었습니다./
바르게 계산하면 얼마인지 구하세요.
└ 구하려는 것

해결 전략

〔잘못 계산한 식을 쓰려면〕

❶ '어떤 수에서 34를 뺐더니 56이 되었습니다.'를 뺄셈식으로 쓰고

〔어떤 수가 얼마인지 구하려면〕

❷ 위 ❶에서 쓴 식을 덧셈식으로 나타내 구한다.

〔바르게 계산한 값을 구하려면〕

❸ (❷에서 구한 어떤 수)×(원래 곱해야 하는 수)를 구한다.

문제 풀기

❶ 잘못 계산한 식을 쓰기

어떤 수를 ●라 하면 잘못 계산한 식은 ●− ☐ =56이다.

❷ 어떤 수가 얼마인지 구하기

●=56+ ☐ = ☐ ➡ (어떤 수)= ☐

❸ (바르게 계산한 값)= ☐ ×43= ☐

답 _____

문해력 레벨업

먼저 어떤 수를 ☐라 하여 잘못 계산한 식을 쓰자.

어떤 수에 3을 곱해야 할 것을
잘못하여 4를 뺐더니 6이 되었다.

❶ 잘못 계산한 식 쓰기
❷ 어떤 수 구하기

❸ 바르게 계산하기

☐−4=6
➡ ☐=6+4=10

(바르게 계산한 값)=☐×3
=10×3=30

쌍둥이 문제

7-1 어떤 수에 27을 곱해야 할 것을/ 잘못하여 72를 더했더니/ 94가 되었습니다./ 바르게 계산하면 얼마인가요?

따라 풀기　❶

❷

❸

답 _____

문해력 레벨 1

7-2 90에서 이솔이가 생각한 수를 빼면/ 38이 됩니다./ 45에 이솔이가 생각한 수를 곱하면/ 얼마가 되나요?

스스로 풀기　❶

이솔

❷

❸

답 _____

문해력 레벨 2

7-3 예은이가 316에 어떤 수를 곱해야 할 것을/ 잘못하여 뺐더니/ 309가 되었습니다./ 바르게 계산한 값과/ 잘못 계산한 값의/ 합은 얼마인가요?

스스로 풀기　❶ 예은이가 잘못 계산한 식을 쓴다.

❷ 어떤 수가 얼마인지 구한다.

❸ 바르게 계산한 값을 구한다.

❹ 바르게 계산한 값과 잘못 계산한 값의 합을 구한다.

답 _____

수학 문해력 기르기

문해력 문제 8

운동장에 모여 있는 학생들이 줄을 서려고 합니다./
한 줄에 7명씩 16줄로 서려고 했더니/ 3명이 모자랄 때,/
이 학생들이 한 줄에 5명씩 21줄로 서면/ 몇 명이 남는지 구하세요.
└ 구하려는 것

해결 전략

7명씩 16줄로 섰을 때 학생 수를 구하려면
❶ (한 줄에 서는 학생 수)×(줄의 수)를 구하고

전체 학생 수를 구하려면
❷ (7명씩 16줄로 섰을 때 학생 수) ◯ (모자란 학생 수)를 구한다.
└ ❶에서 구한 학생 수   • +, −, ×, ÷ 중 알맞은 것 쓰기

5명씩 21줄로 서는 학생 수를 구하려면
❸ (한 줄에 서는 학생 수)×(줄의 수)를 구하고

남는 학생 수를 구하려면
❹ (전체 학생 수) ◯ (5명씩 ☐ 줄로 서는 학생 수)를 구한다.
└ ❷에서 구한 학생 수   └ ❸에서 구한 학생 수

문제 풀기

❶ (7명씩 16줄로 섰을 때 학생 수)=7×16=☐(명)

❷ (전체 학생 수)=☐ ◯ 3=☐(명)

❸ (5명씩 21줄로 서는 학생 수)=5×21=☐(명)

❹ (남는 학생 수)=☐−☐=☐(명)

답 _____

문해력 레벨업

먼저 주어진 조건을 이용하여 전체 학생 수를 구하자.

예 학생이 한 줄에 5명씩 10줄로 줄을 서려고 한다.

5명씩 10줄로 서는 학생 수
5×10=50(명)

3명이 모자랄 때 → − 모자란 학생 수 3명 = 전체 학생 수 **47명**

3명이 남을 때 → + 남는 학생 수 3명 = 전체 학생 수 **53명**

쌍둥이 문제

8-1 하윤이네 학교 학생들이 버스 18대를 타고/ 현장 체험 학습을 가려고 합니다./ 버스 한 대에 35명씩 18대에 탔더니/ 19명이 버스에 타지 못했습니다./ 그래서 다시 버스 한 대에 37명씩 17대에 타고/ 남는 학생들이 모두 마지막 버스에 탔다면/ 마지막 버스에 탄 학생은 몇 명인가요?

따라 풀기 **❶**

❷

❸

❹

답 _____

문해력 레벨 1

8-2 아버지가 베란다 바닥에 붙일 타일을 사 오셨습니다./ 앞쪽 베란다 바닥에 한 줄에 16개씩 22줄로 붙인 후,/ 남은 타일을 뒤쪽 베란다 바닥에 한 줄에 20개씩 28줄로 붙이려고 했더니/ 30개가 부족했습니다./ 아버지가 사 오신 타일은/ 몇 개인가요?

스스로 풀기 **❶** 앞쪽 베란다 바닥에 붙인 타일의 수를 구한다.

❷ 뒤쪽 베란다 바닥에 붙이는 데 필요한 타일의 수를 구한다.

(아버지가 사 오신 개수)
＝(앞쪽 베란다에 붙인 개수)
　＋(뒤쪽 베란다에 필요한 개수)
　－(부족한 개수)

❸ 아버지가 사 오신 타일의 수를 구한다.

답

수학 문해력 완성하기

기출 1

다음은 아라비아 숫자와/ 고대 로마 숫자를 나타낸 것입니다./ 고대 로마 숫자로 만든/ 두 수의 곱은 얼마인지 구하세요./ (단, ⅩⅦ는 17을, ⅩⅩ는 20을 나타냅니다.)

아라비아 숫자	1	2	3	4	5	6	7	8	9	10
로마 숫자	Ⅰ	Ⅱ	Ⅲ	Ⅳ	Ⅴ	Ⅵ	Ⅶ	Ⅷ	Ⅸ	Ⅹ

ⅩⅨ   ⅩⅩⅩⅣ

해결 전략

주어진 수를 고대 로마 숫자로 하나씩 나눈 후 나타내는 수를 표에서 찾아 더하자.

예

ⅩⅣ
$10+4=14$

ⅩⅩ
$10+10=20$

ⅩⅩⅨ
$10+10+9=29$

※17년 하반기 20번 기출 유형

문제 풀기

❶ ⅩⅨ를 아라비아 숫자로 나타내기

Ⅹ는 10을 나타내고, Ⅸ는 [ ]을/를 나타내므로

ⅩⅨ는 10+ [ ] = [ ] 을/를 나타냅니다.

❷ ⅩⅩⅩⅣ를 아라비아 숫자로 나타내기

Ⅹ는 [ ]을/를 나타내고, Ⅳ는 [ ]을/를 나타내므로

ⅩⅩⅩⅣ는 10+ [ ] + [ ] + [ ] = [ ] 을/를 나타냅니다.

❸ 위 ❶과 ❷에서 구한 값을 이용하여 두 수 ⅩⅨ와 ⅩⅩⅩⅣ의 곱 구하기

답 _____

관련 단원 곱 셈

기출 2

|조건|을 모두 만족하는/ 어떤 수 중에서/ 가장 큰 수를 구하세요.

┤조건├
① 어떤 수는 세 자리 수입니다.
② 어떤 수는 같은 자연수 2개의 합으로 나타낼 수 있습니다.
③ 어떤 수는 같은 자연수 2개의 곱으로 나타낼 수 있습니다.

해결 전략

1＋1＝2, 2＋2＝4, 3＋3＝6, ...
➡ 같은 자연수 2개를 더하면 짝수가 된다.

짝수는 2, 4, 6, 8, 10, ...과 같이 둘씩 짝을 지을 수 있는 수야.

※19년 하반기 22번 기출 유형

문제 풀기

❶ |조건| ②를 이용하여 어떤 수는 짝수인지 홀수인지 알아보기

알맞은 말에 ○표 하기

같은 자연수 2개의 합은 (홀수 , 짝수)이므로

어떤 수는 (홀수 , 짝수)이다.

❷ 같은 자연수 2개의 곱으로 나타낼 수 있는 세 자리 수를 가장 큰 수부터 구하기

31 × 31 =	
30 × 30 =	
29 × 29 =	
⋮	

❸ |조건|을 모두 만족하는 어떤 수 중에서 가장 큰 수 구하기

위 ❷에서 구한 세 자리 수 중 가장 큰 짝수는 ☐ 이므로

|조건|을 모두 만족하는 어떤 수 중에서 가장 큰 수는 ☐ 이다.

답 _____

수학 문해력 완성하기

창의 3

리원이가 50원짜리 동전을/ 한 줄에 15개씩 15줄로/ 정사각형 모양이 되도록 놓았습니다./ 가장 바깥쪽에 놓은/ 50원짜리 동전의 금액은/ 모두 얼마인지 구하세요.

해결 전략

	3개씩 3줄	**4개씩 4줄**
정사각형 모양으로 놓은 동전		...
가장 바깥쪽에 놓은 동전의 수	(3−1)개씩 4묶음	(4−1)개씩 4묶음

문제 풀기

❶ 한 줄에 15개씩 15줄로 놓았을 때 가장 바깥쪽에 놓은 50원짜리 동전의 수 구하기

← (15−☐)개

(15−☐)개 →

← (15−☐)개

(15−☐)개 →

➡ (가장 바깥쪽에 놓은 50원짜리 동전의 수)= ☐ × 4 = ☐ (개)

❷ 가장 바깥쪽에 놓은 50원짜리 동전의 전체 금액 구하기

답 _____

융합 **4**

찬희는 2013년 2월 9일에 태어나서/ 2020년 3월 2일에/ 초등학교에 입학했습니다./ 2016년과 2020년은/ 2월이 29일까지 있는※윤년일 때/ 찬희가 초등학교에 입학한 날은/ 태어난 날부터 며칠 후인지 구하세요.

해결 전략

· **1년**은 **365일**이지만 윤년일 경우 **1년**은 **366일**이다.

· 월별 날수

1월	2월	3월	4월	5월	6월	7월	8월	9월	10월	11월	12월
31일	28일 (29일)	31일	30일	31일	30일	31일	31일	30일	31일	30일	31일

문제 풀기

❶ 2020년 2월 9일은 2013년 2월 9일부터 며칠 후인지 구하기

2020년 2월 9일은 2013년 2월 9일부터 ☐ 년 후이다.

이것을 날수로 계산하면 365×7=☐ , ☐ +1=☐ (일) 후이다.

└─2016년이 윤년이므로 1일을 더한다.

❷ 2020년 3월 2일은 2020년 2월 9일부터 며칠 후인지 구하기

_____

_____

❸ 찬희가 초등학교에 입학한 날은 태어난 날부터 며칠 후인지 구하기

_____

문해력 백과

윤년: 2월이 29일인 해로, 윤년은 4년마다 한 번씩 있고 이 해에는 1년이 366일이다.

답 _____

10쪽 문해력 **1**

1 한 사람이 샤워 시간을 1분 줄이면 12 L의 물을 아낄 수 있다고 합니다.
유미네 반 모둠별 학생 수가 다음과 같을 때, 반 학생들이 샤워 시간을 1분
씩 줄인다면 물을 모두 몇 L 아낄 수 있나요?

모둠	가	나	다	라
학생 수(명)	5	6	5	7

풀이

답 _____

14쪽 문해력 **3**

2 지아는 방 청소를 한 번 할 때마다 칭찬 붙임딱지를 3장씩 받습니다. 지아가 5월과 6월 두 달 동안
매일 방 청소를 한 번씩 했다면 받은 칭찬 붙임딱지는 모두 몇 장인가요?

풀이

답 _____

18쪽 문해력 **5**

3 1초에 42 m를 가는 빠르기로 달리는 열차가 터널에 들어가기 시작한 지 32초 만에 터널을 완전히
통과했습니다. 이 열차의 길이가 124 m일 때 터널의 길이는 몇 m인가요?

풀이

답 _____

12쪽 문해력 **2**

4 주은이가 편의점에서 사탕과 우유를 사고 받은 영수증입니다. 주은이가 사탕과 우유의 값으로 낸 돈은 모두 얼마인가요?

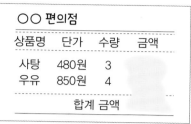

○○ 편의점			
상품명	단가	수량	금액
사탕	480원	3	
우유	850원	4	
		합계 금액	

풀이

답 _____

16쪽 문해력 **4**

5 건우와 은우가※아쿠아리움에 가서 본 불가사리와 거북이의 수에 대해 말한 것입니다. 불가사리의 수가 거북이의 수보다 많을 때, 불가사리와 거북이는 각각 몇 마리인가요?

건우

> 불가사리와 거북이의 수를 더하면 35야.

> 불가사리와 거북이의 수를 곱하면 294가 돼.

은우

풀이

답 불가사리: _____ , 거북이: _____

문해력 백과 📖
아쿠아리움: 물속에 사는 동식물을 관찰하고 체험할 수 있도록 큰 수족관을 다양하게 갖추어 놓은 곳

공부한 날
월
일

주말
평가

31

22쪽 문해력 7

6 어떤 수에 9를 곱해야 할 것을 잘못하여 99를 뺐더니 21이 되었습니다. 바르게 계산하면 얼마인 가요?

풀이

답 _____

20쪽 문해력 6

7 길이가 52 cm인 종이테이프 16장을 14 cm씩 겹쳐서 한 줄로 길게 이어 붙였습니다. 이어 붙인 종이테이프의 전체 길이는 몇 cm인가요?

풀이

답 _____

14쪽 문해력 3

8 서윤이네 집에서는 밥 한 그릇을 짓는 데 흰쌀 70 g과 보리쌀 20 g을 넣습니다. 서윤이는 매일 아침, 점심, 저녁마다 집에서 밥을 한 그릇씩 먹는다면, 서윤이가 일주일 동안 먹는 흰쌀과 보리쌀은 모두 몇 g인가요?

풀이

답 _____

10쪽 문해력 1

9 세현이는 매주 화요일과 금요일마다 ※검도를 하루에 1시간 20분씩 했습니다. 세현이가 4월과 5월 두 달 동안 검도를 한 시간은 모두 몇 분인가요?

4월						
일	월	화	수	목	금	토
	1	2	3	4	5	6
7	8	9	10	11	12	13
14	15	16	17	18	19	20
21	22	23	24	25	26	27
28	29	30				

5월						
일	월	화	수	목	금	토
			1	2	3	4
5	6	7	8	9	10	11
12	13	14	15	16	17	18
19	20	21	22	23	24	25
26	27	28	29	30	31	

풀이

답 _____

24쪽 문해력 8

10 어느 떡집에서 만든 찹쌀떡을 한 상자에 14개씩 24상자에 담으려고 했더니 7개가 모자랐습니다. 이 찹쌀떡을 한 상자에 16개씩 20상자에 담으면 몇 개가 남을까요?

풀이

답 _____

문해력 백과 📖
검도: 대나무로 만든 칼로 상대편을 치거나 찔러서 얻은 점수로 승패를 겨루는 운동 경기

나눗셈

내림이 없거나 있는 또는 나머지가 없거나 있는 다양한 형태의 나눗셈식에 대해 단순히 계산 원리만 익히고 연습하는 것이 아니라 생활 속 다양한 나 눗셈 상황에서의 몫과 나머지를 이해하고 문제를 해결해 봐요.

이번 주에 나오는 어휘 & 지식백과

40쪽 **중력 가속도** (重 무거울 중, 力 힘 력, 加 더할 가, 速 빠를 속, 度 법도 도)
물체가 운동할 때 지구가 잡아 당기는 힘으로 변하는 빠르기

45쪽 **핼러윈** (Halloween)
10월 31일에 행해지는 축제. 새해와 겨울의 시작을 맞는 날로, 아이들은 다양한 복장
을 하고 이웃집을 돌아다니며 음식을 얻어먹는다.

46쪽 **사막화** (沙 오래 사, 漠 넓을 막, 化 될 화)
자연적 요인 또는 인위적 요인에 의해 기존에 사막이 아니던 곳이 점차 사막으로 변
해가는 현상

47쪽 **제설제** (除 덜 제, 雪 눈 설, 劑 약제 제)
눈이 얼지 않고 녹게 만드는 것으로 염화칼슘이나 소금(염화나트륨) 등이 주로 쓰인다.

49쪽 **브로치** (brooch)
옷의 앞쪽에 핀으로 고정하는 장신구로 보석, 귀금속 등으로 만든다.

55쪽 **추로스** (Churros)
밀가루 반죽을 가늘고 긴 막대 모양으로 만들어 기름에 튀긴 과자

문해력 기초 다지기

◯ 연산 문제가 어떻게 문장제가 되는지 알아봅니다.

1 40÷2

>> 40을 2로 나눈 몫을 구하세요.

식 _____ 40÷2 = ☐ _____

답 _____

2 63÷3

>> 풍선 **63개**를 한 명에게 **3개씩** 나누어 주려고 합니다.
몇 **명**에게 나누어 줄 수 있나요?

식 _____

꼭! 단위까지 따라 쓰세요.

답 _____ 명

3 95÷5

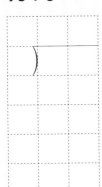

>> 학생 **95명**이 버스 **5대**에 똑같이 나누어 타려고 합니다.
버스 한 대에 타는 학생은 몇 **명**인가요?

식 _____

답 _____ 명

4 246÷6

6) 2 4 6

>> 설탕 **246 kg**을 **6**봉지에 똑같이 나누어 담았습니다.
한 봉지에 담은 설탕은 몇 **kg**인가요?

식 _____ 246 ÷ ☐ = ☐

꼭! 단위까지
따라 쓰세요.

답 _____ kg

5 144÷3

>> 길이가 **144 cm**인 철사를 **3**도막으로 똑같이 잘랐습니다.
한 도막의 길이는 몇 **cm**인가요?

식 _____

답 _____ cm

6 137÷8

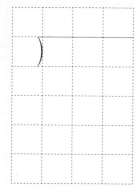

>> 사과 **137개**를 한 상자에 **8개**씩 넣어 포장하려고 합니다.
포장하고 남는 사과는 몇 개인가요?

식 _____

답 _____ 개

문해력 기초 다지기

◔ 간단한 문장제를 풀어 봅니다.

1 애플망고 **80개**를 한 상자에 **5개씩** 나누어 담으려고 합니다.
     필요한 상자는 몇 개인가요?

식 _____   답 _____

2 사탕 **39개**를 **3명**에게 똑같이 나누어 주려고 합니다.
     한 명에게 줄 수 있는 사탕은 몇 개인가요?

식 _____   답 _____

3 학생 **84명**이 케이블카를 타려고 합니다.
     케이블카 한 대에 **7명씩** 탄다면 필요한 케이블카는 모두 몇 대인가요?

식 _____   답 _____

4 96쪽짜리 동화책을 6일 동안 매일 같은 쪽수씩 모두 읽으려고 합니다.
하루에 몇 쪽씩 읽어야 하나요?

식 _____ 답 _____

5 클립 한 개를 만드는 데 철사가 6 cm 필요합니다.
철사 74 cm로는 클립을 몇 개까지 만들 수 있나요?

식 _____ 답 _____

6 한지 2장으로 부채 한 개를 만들 수 있습니다.
한지 190장으로 만들 수 있는 **부채는 몇 개인가요?**

식 _____ 답 _____

7 감 108개로 곶감을 만들려고 합니다.
감을 한 줄에 8개씩 매달면
몇 줄까지 매달 수 있고, 몇 개가 남는지 차례로 쓰세요.

출처: ⓒkjnk/shutterstock

식 _____ 답 _____, _____

수학 문해력 기르기

문해력 문제 1

해영이네 학교 3학년 남학생 55명과 여학생 61명이/
제주 항공우주박물관으로 체험 학습을 갔습니다./
※중력가속도 체험을 하려고 한 번에 4명씩 체험기구를 탈 때/
모든 학생들이 중력가속도 체험을 하려면/
체험기구를 몇 번 운행해야 하나요?
└• 구하려는 것

해결 전략

중력가속도 체험을 하려는 전체 학생 수를 구하려면

❶ (남학생 수) ◯ (여학생 수)를 구한다.
└• +, −, ×, ÷ 중 알맞은 것 쓰기

> **문해력 어휘**
>
> 중력가속도: 물체가 운동할 때 지구가 잡아당기는 힘으로 변하는 빠르기

모든 학생들이 중력가속도 체험을 하기 위한 운행 횟수를 구하려면

❷ (전체 학생 수) ◯ (한 번에 체험기구를 타는 학생 수)를 구한다.
└•❶에서 구한 수

문제 풀기

❶ (전체 학생 수)=55+61=☐☐☐(명)

❷ (체험기구의 운행 횟수)=☐☐☐÷4=☐☐☐(번)

답 _____

문해력 레벨업

나누어지는 수, 나누는 수를 찾아 나눈 몫을 구하자.

| 나누어지는 수 | | 나누는 수 | = | 구하려는 것 →몫 |

전체 학생 수를 구해

한 번에 체험기구를 타는 학생 수로 나누어

체험기구의 운행 횟수를 구한다.

└• 주어진 조건을 이용하여 알맞은 식을 세워 구한다.

쌍둥이 문제

1-1 빨간색 색종이 47장과 초록색 색종이 85장을/ 색깔에 관계없이 6명이 똑같이 나누어 모두 사용하였습니다./ 한 명이 사용한 색종이는 몇 장인가요?

따라 풀기 ❶

❷

답 _____

문해력 레벨 1

1-2 지효는 수학 문제집 4쪽과 영어 문제집 2쪽을 푸는 데/ 1시간 30분이 걸렸습니다./ 문제집 한 쪽을 푸는 데 몇 분이 걸렸나요?/ (단, 문제집 한 쪽을 푸는 데 걸리는 시간은 모두 같습니다.)

스스로 풀기 ❶

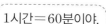
1시간＝60분이야.

❷

답 _____

문해력 레벨 2

1-3 연필이 7타와 6자루 있습니다./ 이 연필을 학생 몇 명이 8자루씩 나누어 가졌더니/ 2자루가 남았습니다./ 나누어 가진 학생은 몇 명인가요?/ (단, 연필 1타는 12자루입니다.)

스스로 풀기 ❶ 전체 연필 수를 구한다.

(나누어 가진 연필 수)
＝(전체 연필 수)
　－(남은 연필 수)야.

❷ 학생들이 나누어 가진 연필 수를 구한다.

❸ 나누어 가진 학생 수를 구한다.

답 _____

수학 문해력 기르기

문해력 문제 2

오른쪽과 같은 직사각형 모양의 종이가 있습니다./
이 종이의 긴 변을 8 cm씩,/ 짧은 변을 5 cm씩 잘라서/
직사각형 모양의 카드를 만들려고 합니다./
만들 수 있는 카드는 모두 몇 장인가요?
└ 구하려는 것

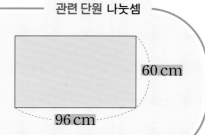
60 cm
96 cm

해결 전략

긴 변을 잘라 만들 수 있는 카드 수를 구하려면
❶ (종이의 긴 변의 길이) ◯ (긴 변을 자르는 길이)를 구한다.
└ +, −, ×, ÷ 중 알맞은 것 쓰기

짧은 변을 잘라 만들 수 있는 카드 수를 구하려면
❷ (종이의 짧은 변의 길이) ◯ (짧은 변을 자르는 길이)를 구한다.

만들 수 있는 전체 카드 수를 구하려면
❸ (❶에서 구한 수) ◯ (❷에서 구한 수)를 구한다.

문제 풀기

❶ (긴 변을 잘라 만들 수 있는 카드 수)=96÷8=□(장)

❷ (짧은 변을 잘라 만들 수 있는 카드 수)=60÷□=□(장)

❸ (만들 수 있는 전체 카드 수)=□×□=□(장)

답 _____

문해력 레벨업

긴 변과 짧은 변을 잘라 만들 수 있는 물건의 수를 먼저 구하자.

예 긴 변을 5 cm씩, 짧은 변을 2 cm씩 자를 때 자른 종이의 수 구하기

| | 긴 변 | 짧은 변 | 자른 종이의 수 |

6 cm
10 cm
→
5 cm
→
2 cm
→

10÷5=2   **6÷2=3**   2 ⊗ 3

쌍둥이 문제

2-1 오른쪽과 같은 직사각형 모양의 도화지가 있습니다./ 이 도화지
의 긴 변을 7 cm씩,/ 짧은 변을 4 cm씩 잘라서/ 직사각형 모
양의 엽서를 만들려고 합니다./ 만들 수 있는 엽서는 모두 몇 장
인가요?

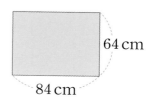

따라 풀기 ❶

❷

❸

답 _____

문해력 레벨 1

2-2 긴 변이 55 m,/ 짧은 변이 52 m인/ 직사각형 모양의 천이 있습니다./ 이 천의 긴 변을
3 m씩,/ 짧은 변을 2 m씩 잘라서/ 직사각형 모양의 커튼을 만들려고 합니다./ 커튼은
몇 장까지 만들 수 있나요?/ (단, *자투리 천으로는 커튼을 만들지 않습니다.)

스스로 풀기 ❶

문해력 어휘 📖
자투리: 자로 재어 자르고
남은 천의 조각

❷

❸

답 _____

문해력 레벨 2

2-3 한 변의 길이가 132 cm인/ 정사각형 모양의 나무판자가 있습니다./
이 나무판자를 오른쪽과 같이/ 모양과 크기가 같은 6개의 직사각형 모
양으로 잘라/ 받침대를 만들었습니다./ 잘라 만든 받침대 하나의 네 변
의 길이의 합은 몇 cm인가요?

스스로 풀기 ❶ 받침대의 짧은 변의 길이를 구한다.

❷ 받침대의 긴 변의 길이를 구한다.

❸ 받침대 하나의 네 변의 길이의 합을 구한다.

답 _____

수학 문해력 기르기

문해력 문제 3

[*]대보름날 아침에는 한 해의 건강을 빌며[*]부럼을 먹습니다./
어느 마트에서 부럼으로 팔 호두가/ 10개씩 22상자 있습니다./
이 호두를 다시 한 봉지에 7개씩 담아 판다면/
팔 수 있는 호두는 몇 봉지인가요?
└─ 구하려는 것

해결 전략

전체 호두 수를 구하려면

+, −, ×, ÷ 중 알맞은 것 쓰기

❶ (한 상자에 담긴 호두 수) ◯ (상자 수)를 구한다.

호두를 7개씩 담은 봉지만 팔 수 있으므로

❷ (전체 호두 수) ◯ (한 봉지에 담는 호두 수)의
└─❶에서 구한 수
몫과 나머지 중 팔 수 있는 봉지 수는 (몫 , 나머지)이다.
└─ 알맞은 말에 ◯표 하기

📖 **문해력 어휘**

대보름: 음력 1월 15일을 명절로 이르는 말
부럼: 대보름날 깨물어 먹는 딱딱한 땅콩, 호두, 잣, 밤, 은행 따위를 통틀어 이르는 말

문제 풀기

❶ (전체 호두 수)＝10×22＝[   ](개)

❷ 팔 수 있는 호두 봉지 수 구하기
220÷7＝[   ] … [   ] 이므로 팔 수 있는 호두는 [   ] 봉지이다.

답 _____

💡 **문해력 레벨업**

문장 속에 숨겨진 뜻을 이해하여 몫과 나머지의 관계를 생각하자.

예 사탕 19개를 한 상자에 8개씩 담기

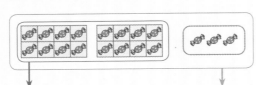

19÷8＝2…3

상자로만 팔 때
팔 수 있는 상자 수는?

몫을 답하기 ➡ **2상자**

19÷8＝2…3

남김없이 모두 담기 위해
필요한 상자 수는?

(몫＋1)을 답하기 ➡ (2＋1)상자

남는 사탕도 상자에 담아야 하므로 상자 1개가 더 필요해.

쌍둥이 문제

3-1 어느 식당에서 초콜릿을 20개씩 45상자 사 왔습니다./ 이 초콜릿을 다시 한 봉지에 8개씩 담아 손님에게 나누어 주려고 합니다./ 나누어 줄 수 있는 초콜릿은 몇 봉지인가요?

따라 풀기 ❶

❷

답 _____

문해력 레벨 1

3-2 성주네 학교에서 ※할러윈 날 사탕을 나누어 주려고 합니다./ 사탕을 50개씩 16상자 사서/ 다시 한 봉지에 9개씩 담으려고 합니다./ 사탕을 남김없이 모두 담으려면/ 필요한 봉지는 적어도 몇 개인가요?

스스로 풀기 ❶

문해력 백과 📖
할러윈: 10월 31일에 행해지는 축제. 아이들은 다양한 복장을 하고 이웃집을 돌아다니며 음식을 얻어먹는다.

❷

남는 사탕도 담아야 해.

답 _____

문해력 레벨 2

3-3 리본 한 개를 만드는 데/ 초록색 실과 빨간색 실이 각각 8 cm씩 필요합니다./ 길이가 3 m인 초록색 실과/ 길이가 2 m 60 cm인 빨간색 실로/ 리본을 몇 개까지 만들 수 있나요?

스스로 풀기 ❶ 8 cm씩 잘랐을 때 생기는 초록색 실의 도막 수를 구한다.

❷ 8 cm씩 잘랐을 때 생기는 빨간색 실의 도막 수를 구한다.

초록색 실과 빨간색 실은 같은 수만큼 사용해 리본을 만들어야 해.

❸ 만들 수 있는 리본 수를 구한다.

답 _____

2^일 수학 문해력 기르기

**문해력
문제 4**

어느 자선 단체에서 몽골의[※]사막화를 막기 위해/
그림과 같이 땅에 일직선으로/ 처음부터 끝까지 6 m 간격으로 나무를 심었습니다./
나무를 심은 땅의 일직선 길이가 150 m라면/
심은 나무는 모두 몇 그루인가요?/ (단, 나무의 두께는 생각하지 않습니다.)
└ 구하려는 것

해결 전략

나무 사이의 간격이 몇 군데인지 구하려면
❶ (나무를 심은 땅의 일직선 길이)÷(간격)을 구한다.

> 📖 **문해력 백과**
> 사막화: 자연적 요인 또는
> 인위적 요인에 의해 기존에
> 사막이 아니던 곳이 점차
> 사막으로 변해가는 현상

심은 나무의 수를 구하려면
❷ (간격의 수)+☐을/를 구한다.

- - - - - - - - - - - - - - -

문제 풀기

❶ (간격의 수)= ☐ ÷6= ☐ (군데)

❷ (심은 나무의 수)= ☐ + ☐ = ☐ (그루)

답 _____

**문해력
레벨업**

도로의 모양에 따라 간격의 수와 나무의 수 사이의 관계를 파악하자.

• 도로가 **일직선**인 경우 → 끊어진 도로

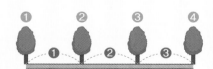

① (간격의 수)=(전체 길이)÷(간격)
② (나무의 수)=(간격의 수)+1

• 도로가 **원 모양**인 경우 → 이어진 도로

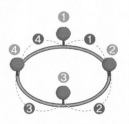

① (간격의 수)=(전체 길이)÷(간격)
② (나무의 수)=(간격의 수)

쌍둥이 문제

4-1 눈이 내렸을 때 도로가 얼면 사용할 수 있도록/ 불가사리로 만든 친환경※제설제를 넣은 통을 일직선 도로의 한쪽에/ 처음부터 끝까지 7 m 간격으로 설치해 놓았습니다./ 도로의 길이가 91 m라면/ 설치한 통은 모두 몇 개인가요?/ (단, 통의 두께는 생각하지 않습니다.)

따라 풀기 ❶

문해력 백과 📖

제설제: 눈이 얼지 않고 녹게 만드는 것으로 염화칼슘이나 소금(염화나트륨) 등이 주로 쓰인다.

❷

답 _____

문해력 레벨 1

4-2 길이가 108 m인 일직선 도로의 양쪽에/ 처음부터 끝까지 9 m 간격으로 가로등을 세우려고 합니다./ 필요한 가로등은 모두 몇 개인가요?/ (단, 가로등의 두께는 생각하지 않습니다.)

스스로 풀기 ❶

❷

❸

답 _____

문해력 레벨 2

4-3 오른쪽과 같이 한 변이 20 m인 정사각형 모양의 수영장이 있습니다./ 이 수영장의 네 변을 따라/ 5 m 간격으로 깃발을 꽂는다면/ 필요한 깃발은 모두 몇 개인가요?/ (단, 깃발의 두께는 생각하지 않습니다.)

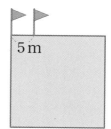

5 m

스스로 풀기 ❶ 수영장의 네 변의 길이의 합을 구한다.

❷ 간격의 수를 구한다.

❸ 필요한 깃발의 수를 구한다.

답 _____

관련 단원 나눗셈

문해력 문제 5

딸기 맛 사탕 40개와 포도 맛 사탕 34개를/
맛 구분 없이 모두 봉지에 나누어 담으려고 합니다./
한 봉지에 6개씩 담는다면/
마지막 봉지에는 사탕을 몇 개 담게 되나요?
└•구하려는 것

해결 전략

전체 사탕 수를 구하려면

❶ (딸기 맛 사탕 수)＋(포도 맛 사탕 수)를 구한다.

마지막 봉지에 담는 사탕 수를 구하려면

❷ (전체 사탕 수)÷(한 봉지에 담는 사탕 수)의 몫과 나머지 중
└•❶에서 구한 수
마지막 봉지에 담는 사탕 수는 (몫 , 나머지)이다.
└───•알맞은 말에 ○표 하기

- -

문제 풀기

❶ (전체 사탕 수)＝40＋34＝[ ](개)

❷ 마지막 봉지에 담는 사탕 수 구하기

[ ]÷6＝[ ]…[ ]이므로 마지막 봉지에는 사탕을 [ ]개 담게 된다.

답 _____

문해력 레벨업

똑같은 개수로 나누어 담을 때 마지막에 담게 되는 개수는 나눗셈의 나머지와 같다.

예 구슬 5개를 한 봉지에 2개씩 담는 경우

5÷2＝2…1
↓
마지막 봉지에 담는 구슬 수

5÷2＝2…1이므로 2봉지에 담고 1개가 남는다.
↓
남은 1개도 봉지에 담아야 하므로 마지막 봉지에
담는 구슬은 1개이다.

5-1 희원이네 가족은 런던과 파리로 여행을 다녀 왔습니다./ 런던에서 찍은 사진 220장과 파리에서 찍은 사진 150장을/ 사진첩에 모두 꽂아 정리하려고 합니다./ 사진을 한 쪽에 7장씩 꽂는다면/ 마지막 쪽에는 사진을 몇 장 꽂게 되나요?

따라 풀기 ❶

❷

답 _____

문해력 레벨 1

5-2 한 봉지에 12개씩 들어 있는 과자를 15봉지 샀습니다./ 이 과자를 접시 8개에 똑같이 나누어 담으려고 합니다./ 한 접시에 몇 개씩 담을 수 있고,/ 몇 개가 남는지 차례로 쓰세요.

스스로 풀기 ❶

❷

답 _____, _____

문해력 레벨 2

5-3 사자 모양※브로치 55개와/ 토끼 모양 브로치 38개가 있습니다./ 이 브로치를 모양 구분 없이 5상자에/ 똑같이 나누어 담으려고 합니다./ 남는 것 없이 담으려면/ 브로치는 적어도 몇 개 더 필요한가요?

스스로 풀기 ❶ 전체 브로치 수를 구한다.

문해력 어휘 📖
브로치: 옷의 앞쪽에 핀으로 고정하는 장신구로 보석, 귀금속 등으로 만든다.

❷ 5상자에 담고 남는 브로치 수를 구한다.

남는 것 없이 똑같은 개수로 나누려면 나머지를 나누는 수가 되도록 만들어야 해.

❸ 브로치는 적어도 몇 개 더 필요한지 구한다.

답 _____

관련 단원 나눗셈

문해력 문제 6

지호가 가지고 있는 구슬을/ 한 봉지에 7개씩 담으면 남는 구슬이 없고,/
6개씩 담으면 4개가 남습니다./
지호가 가지고 있는 구슬이/ 50개보다 많고 90개보다 적다면/
구슬은 몇 개인가요?
└ 구하려는 것

해결 전략

┌ 7개씩 담으면 남는 구슬이 없으므로 ┐

❶ 50보다 크고 [ ]보다 작은 수 중에서 7로 나누어떨어지는 수를 구한다.

┌ 6개씩 담으면 4개가 남으므로 ┐

❷ 위 ❶에서 구한 수 중에서 6으로 나누었을 때 나머지가 [ ]인 수를 찾는다.

문제 풀기

❶ 50보다 크고 [ ]보다 작은 수 중에서 7로 나누어떨어지는 수:

56, 63, [ ], [ ], [ ]

❷ 위 ❶에서 구한 수 중에서 6으로 나누었을 때 나머지가 [ ]인 수: [ ]

➡ 지호가 가지고 있는 구슬은 [ ]개이다.

답 _____

문해력 레벨업

문장에 숨어 있는 내용을 파악한 후 나눗셈으로 바꾸어 생각하자.

| 구슬을 7개씩 담으면 남는 구슬이 없다. | ➡ | 구슬 수를 7로 나누면 나누어떨어진다. |

| 구슬을 6개씩 담으면 4개가 남는다. | ➡ | 구슬 수를 6으로 나누면 나머지가 4이다. |

쌍둥이 문제

6-1 윤호가 가지고 있는 밤을/ 한 봉지에 9개씩 넣으면 남는 밤이 없고,/ 7개씩 넣으면 6개가 남습니다./ 윤호가 가진 밤이 60개보다 많고 100개보다 적다면/ 밤은 몇 개인가요?

따라 풀기   ❶

❷

답 _____

문해력 레벨 1

6-2 8로 나누어도 나누어떨어지고,/ 6으로 나누어도 나누어떨어지는 수 중에서/ 가장 큰 두 자리 수를 구하세요.

스스로 풀기   ❶

❷

❸

답 _____

문해력 레벨 2

6-3 ※젠가 게임에 사용되는 나무 블록은 40개보다 많고 70개보다 적은 ★개입니다./ ★은 6으로 나누어떨어지는 수이고/ 십의 자리 수가 일의 자리 수보다 1만큼 더 큽니다./ 게임을 시작할 때 나무 블록은/ 한 층에 3개씩 몇 층으로 쌓았는지 구하세요.

스스로 풀기   ❶ 40보다 크고 70보다 작은 수 중에서 6으로 나누어떨어지는 수를 구한다.

문해력 백과 📖

젠가 게임: 한 층에 블록을 3개씩 쌓은 탑에서 맨 위층에 놓인 3개의 블록을 제외한 나머지 층에서 블록 하나를 빼내 다시 맨 위층에 쌓는 게임

❷ 위 ❶에서 구한 수 중에서 나무 블록의 수를 구한다.

❸ 나무 블록의 층수를 구한다.

답 _____

수학 문해력 기르기

관련 단원 나눗셈

문해력 문제 7

소미는 쿠키를 만들어/ 한 봉지에 3개씩 나누어 담았더니/
45봉지가 되고 1개가 남았습니다./
이 쿠키를 다시 한 접시에 8개씩 나누어 담는다면/
필요한 접시는 몇 개인가요?
└ 구하려는 것

해결 전략

소미가 만든 쿠키의 수를 구하려면

❶ 소미가 만든 쿠키의 수를 ●개라 놓고 나눗셈식을 만들어

❷ 위 ❶에서 만든 식에서 곱셈과 덧셈을 이용하여 ●의 값을 구한다.

필요한 접시의 수를 구하려면

❸ (소미가 만든 쿠키의 수) ◯ (한 접시에 담을 쿠키의 수)를 구한다.
└ +, −, ×, ÷ 중 알맞은 것 쓰기

문제 풀기

❶ 소미가 만든 쿠키의 수를 구하는 나눗셈식 만들기

소미가 만든 쿠키의 수를 ●개라 하면 ● ÷ ☐ =45…1이다.

❷ 소미가 만든 쿠키의 수 구하기

☐ × 45 = ☐ , ☐ + 1 = ☐ , ● = ☐

➡ 소미가 만든 쿠키는 ☐ 개이다.

❸ (필요한 접시의 수) = ☐ ÷ 8 = ☐ (개)

답 _____

문해력 레벨업

전체 개수를 구하는 식을 먼저 세워 계산하자.

예 귤 **몇** 개를 한 봉지에 **2**개씩 담았더니 **3**봉지가 되고 **1**개가 남았습니다.

❶ 식 만들기   ☐ ÷ 2 = 3 … 1

❷ 계산하기   2×3=6, 6+1=7, ☐=7

❸ 답 구하기   귤은 모두 **7**개이다.

쌍둥이 문제

7-1 색 테이프를 6 cm씩 잘랐더니/ 13도막이 되고 2 cm가 남았습니다./ 같은 길이의 색 테이프를 5 cm씩 자르면/ 몇 도막이 되나요?

따라 풀기 ❶

❷

❸

답 _____

문해력 레벨 1

7-2 어떤 수를 9로 나누었더니/ 몫이 11이고 나머지가 3이 되었습니다./ 어떤 수를 4로 나누었을 때의 몫과 나머지를 각각 구하세요.

스스로 풀기 ❶

❷

❸

답 몫: _____ , 나머지: _____

문해력 레벨 2

7-3 어떤 수를 6으로 나누어야 할 것을/ 잘못하여 9로 나누었더니 몫이 102이고 나머지는 가장 큰 자연수가 되었습니다./ 바르게 계산했을 때의 몫과 나머지를 각각 구하세요.

스스로 풀기 ❶ 9로 나누었을 때 나머지가 될 수 있는 가장 큰 자연수를 구한다.

나머지는 항상
나누는 수보다 작아.

❷ 잘못 계산한 나눗셈식을 만든다.

❸ 위 ❷에서 만든 식으로 어떤 수를 구한다.

❹ 바르게 계산했을 때의 몫과 나머지를 구한다.

답 몫: _____ , 나머지: _____

수학 문해력 기르기

문해력 문제 8

올해 지은이와 삼촌 나이의 차는 20살이고,/
삼촌의 나이는 지은이 나이의 3배입니다./
올해 삼촌의 나이는 몇 살인지 구하세요.
└ 구하려는 것

해결 전략

삼촌의 나이는 지은이의 나이의 3배니까
❶ 지은이의 나이를 ●살이라 하여 삼촌의 나이를 ●를 사용하여 나타낸 후

지은이의 나이를 구하려면
❷ 두 사람의 나이의 차를 식으로 나타내 계산한다.

삼촌의 나이를 구하려면
❸ (지은이의 나이)×☐을/를 구한다.

문제 풀기

❶ 지은이의 나이를 ●살이라 하면 삼촌의 나이는 (●×☐)살이다.

❷ 지은이와 삼촌 나이의 차를 식으로 나타내 지은이의 나이 구하기

●×☐─●=20, ●×☐=20, ●=20÷☐=☐

➡ 지은이의 나이: ☐살

❸ (삼촌의 나이)=☐×3=☐(살)

답 _____

문해력 레벨업

모르는 두 수를 하나의 기호로 나타내어 문제를 해결하자.

예 ㉠은 ㉡의 3배이고, ㉠과 ㉡의 합은 8이다.

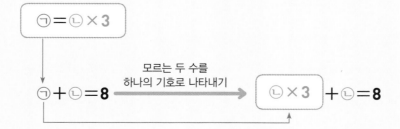

계산을 할 때는
㉡×3=㉡+㉡+㉡
임을 이용해.

쌍둥이 문제

8-1 올해 소희와 이모 나이의 차는 24살이고,/ 이모의 나이는 소희 나이의 3배입니다./ 올해 이모의 나이는 몇 살인지 구하세요.

따라 풀기 ❶

❷

❸

답 _____

문해력 레벨 1

8-2 지민이는 엄마와 함께 길이가 60 cm인*추로스를 만들었습니다./ 이 추로스를 말발굽 모양으로 만들려다/ 두 도막으로 끊어졌습니다./ 긴 도막의 길이가 짧은 도막의 길이의 2배였다면/ 짧은 도막과 긴 도막의 길이는 각각 몇 cm인가요?

스스로 풀기 ❶

문해력 어휘 📖

추로스: 밀가루 반죽을 가늘고 긴 막대 모양으로 만들어 기름에 튀긴 과자

❷

❸

답 짧은 도막: _____, 긴 도막: _____

문해력 레벨 2

8-3 길이가 108 cm인 끈을/ 겹치지 않게 모두 사용하여 직사각형 모양을 만들었습니다./ 짧은 변의 길이가/ 긴 변의 길이의 반일 때/ 긴 변의 길이는 몇 cm인가요?

스스로 풀기 ❶ 긴 변과 짧은 변의 길이의 합을 구한다.

❷ 긴 변과 짧은 변의 길이를 하나의 기호를 사용하여 나타낸다.

❸ 두 변의 길이의 합을 식으로 나타내 계산한다.

❹ 긴 변의 길이를 구한다.

답 _____

수학 문해력 완성하기

 1 어떤 수 ■를 7로 나눈 나머지를 〈■〉라고 약속합니다./ 예를 들어 29를 7로 나눈 나머지는 1이므로 〈29〉＝1입니다./ 다음 식의 값은 얼마인지 구하세요.

$$〈80〉＋〈81〉＋〈82〉＋\cdots＋〈178〉＋〈179〉＋〈180〉$$

해결 전략

나머지는 항상 나누는 수보다 작아야 하므로 나머지가 될 수 있는 수는 **0**부터 (나누는 수－**1**)까지이다.

예 ■÷4＝● … ▲에서 ▲가 될 수 있는 수는 4보다 작은 0, 1, 2, 3이다.

➡ ■가 1씩 커짐에 따라 나머지는 0, 1, 2, 3이 반복되어 나온다.

※20년 하반기 23번 기출 유형

문제 풀기

❶ 7로 나누었을 때의 나머지의 규칙 찾기

$80÷7＝11\cdots3, 81÷7＝11\cdots4, 82÷7＝11\cdots5, 83÷7＝11\cdots6$

$84÷7＝12, 85÷7＝12\cdots\boxed{}, 86÷7＝12\cdots\boxed{}, 87÷7＝12\cdots\boxed{}, \cdots$

➡ 나머지는 3, 4, 5, 6, 0, 1, $\boxed{}$(으)로 $\boxed{}$개의 수가 반복된다.

❷ 위 ❶에서 구한 나머지가 몇 번 반복되는지 구하기

80부터 180까지 수의 개수는 $\boxed{}$개이다. $\boxed{}÷\boxed{}＝\boxed{}\cdots3$이므로

$\boxed{}$개의 나머지가 $\boxed{}$번 반복되고 3, $\boxed{}$, $\boxed{}$이/가 차례로 나온다.

❸ 식의 값 구하기

답 _____

─── 관련 단원 **나눗셈**

기출 2 ■는 50보다 큰 두 자리 수입니다. / 다음을 모두 만족하는 ■의 값을 구하세요.

> • $■ \div 7 = ▲ \cdots 6$
> • $■ \div 8 = ◆ \cdots 5$

해결 전략

$■ \div 7 = ▲ \cdots 6$ → ■를 **7**로 나누면 **6**이 남는다. ■는 **7**로 나누어떨어지는 수에 **6**을 더한 수이다.

※ 22년 하반기 20번 기출 유형

문제 풀기

❶ $■ \div 7 = ▲ \cdots 6$을 만족하는 ■의 값 모두 구하기

7로 나누어떨어지는 두 자리 수는 14, 21, 28, 35, 42, 49, 56, 63, 70, 77, 84, 91, 98이고,

이 수에 6을 더했을 때 50보다 큰 두 자리 수는 다음과 같다.

➡ 55, 62, ☐, ☐, ☐, ☐, ☐

❷ $■ \div 8 = ◆ \cdots 5$를 만족하는 ■의 값 모두 구하기

8로 나누어떨어지는 두 자리 수는 16, 24, 32, 40, 48, 56, 64, 72, 80, 88, 96이고,

이 수에 ☐ 을/를 더했을 때 50보다 큰 두 자리 수는 다음과 같다.

➡ 53, 61, ☐, ☐, ☐, ☐

❸ 위 ❶, ❷를 모두 만족하는 ■의 값 구하기

_____

답 _____

수학 문해력 완성하기

관련 단원 나눗셈

융합 **3**

농구 경기를 할 때/ 오른쪽 그림의 초록색 선 밖에서 던진 공이 골대에 들어가면 3점을 얻고,/ 초록색 선 안에서 던진 공이 골대에 들어가면 2점을 얻습니다./ 지훈이가 이번 학기 농구 대회에서 공을 넣어 얻은 점수가 63점이었습니다./ 지훈이가 초록색 선 밖에서 던진 공이 골대에 들어간 횟수가 7번이라면/ 초록색 선 안에서 던진 공이 골대에 들어간 횟수는 몇 번인가요?

해결 전략

(초록색 선 안에서 공을 넣어 얻은 점수)
＝(전체 점수)−**(초록색 선 밖에서 공을 넣어 얻은 점수)**
를 구해 초록색 선 안에서 던진 공이 골대에 들어간 횟수를 구한다.

문제 풀기

❶ 초록색 선 밖에서 공을 넣어 얻은 점수 구하기

(초록색 선 밖에서 공을 넣어 얻은 점수)＝3× ☐ ＝ ☐ (점)

❷ 초록색 선 안에서 공을 넣어 얻은 점수 구하기

(초록색 선 안에서 공을 넣어 얻은 점수)＝63− ☐ ＝ ☐ (점)

❸ 초록색 선 안에서 던진 공이 골대에 들어간 횟수 구하기

답

관련 단원 나눗셈

융합 4 어떤 미생물은 12시간마다 그 수가 2배가 된다고 합니다./ 이 미생물을 몇 마리※배양하기 시작하여 36시간 후/ 미생물 수를 세어 보았더니 128마리였습니다./ 처음 배양하기 시작한 미생물은 몇 마리인가요?

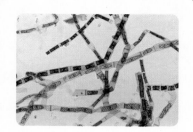

해결 전략

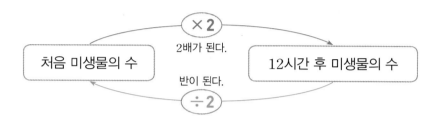

처음 미생물의 수 ×2 2배가 된다. 12시간 후 미생물의 수

반이 된다. ÷2

문제 풀기

❶ 처음 배양할 때부터 12시간마다 늘어나는 미생물 수를 구하는 과정 나타내기

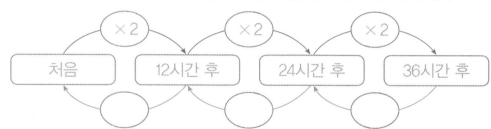

처음 ×2 12시간 후 ×2 24시간 후 ×2 36시간 후

❷ 처음 배양하기 시작한 미생물의 수 구하기

_____

_____

_____

문해력 어휘
배양: 인공적인 환경을 만들어 미생물 따위를 자라게 하는 것

답 _____

수학 문해력 평가하기

문제를 읽고 조건을 표시하면서 풀어 봅니다.

40쪽 문해력 1

1 파란 공이 26개, 빨간 공이 72개 있습니다. 이 공을 색깔에 관계없이 상자 7개에 똑같이 나누어 담았습니다. 한 상자에 담은 공은 몇 개인가요?

풀이

답 _____

44쪽 문해력 3

2 어느 농산물 시장에서 감자를 15개씩 23상자 사 왔습니다. 이 감자를 다시 한 봉지에 4개씩 담아 팔려고 합니다. 팔 수 있는 감자는 몇 봉지인가요?

풀이

답 _____

48쪽 문해력 5

3 한 상자에 8개씩 들어 있는 사과가 14상자 있습니다. 이 사과를 바구니 9개에 똑같이 나누어 담으려고 합니다. 마지막 바구니에는 사과를 몇 개 담게 되나요?

풀이

답 _____

50쪽 문해력 6

4 사탕을 한 봉지에 8개씩 넣으면 남는 사탕이 없고, 5개씩 넣으면 1개가 남습니다. 사탕이 70개보다 많고 100개보다 적다면 사탕은 몇 개인가요?

풀이

답 _____

46쪽 문해력 4

5 길이가 126 m인 일직선 도로의 한쪽에 처음부터 끝까지 6 m 간격으로 나무를 심으려고 합니다. 필요한 나무는 모두 몇 그루인가요? (단, 나무의 두께는 생각하지 않습니다.)

풀이

답 _____

44쪽 문해력 3

6 한 상자에 12개씩 들어 있는 마카롱이 19상자 있습니다. 이 마카롱을 다시 한 봉지에 8개씩 담으려고 할 때 남김없이 모두 담으려면 필요한 봉지는 적어도 몇 개인가요?

풀이

답 _____

공부한 날

월

일

주말
평가

52쪽 문해력 7

7 초록색 실을 5 cm씩 잘랐더니 21도막이 되고 3 cm가 남았습니다. 같은 길이의 초록색 실을 9 cm씩 자르면 몇 도막이 되나요?

풀이

답 _____

54쪽 문해력 8

8 올해 승연이와 고모 나이의 차는 33살이고, 고모의 나이는 승연이 나이의 4배입니다. 올해 고모의 나이는 몇 살인지 구하세요.

풀이

답 _____

42쪽 문해력2

9 그림과 같은 직사각형 모양의 나무판이 있습니다. 이 나무판의 긴 변을 8 cm씩, 짧은 변을 6 cm 씩 잘라서 직사각형 모양의 컵 받침을 만들려고 합니다. 만들 수 있는 컵 받침은 모두 몇 개인가요?

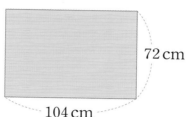

72 cm

104 cm

풀이

답 _____

54쪽 문해력8

10 길이가 92 cm인 색 테이프를 두 도막으로 잘랐습니다. 긴 도막의 길이가 짧은 도막의 길이의 3배 였다면 짧은 도막과 긴 도막의 길이는 각각 몇 cm인가요?

풀이

답 짧은 도막: _____ , 긴 도막: _____

분수 / 원

우리는 생활 속에서 분수와 원을 자주 접하게 되지요.

이번 주에서는 분수로 나타내기, 분수만큼 구하기, 여러 가지 분수와

원의 중심, 반지름, 지름을 이해하여 다양한 문장제를 해결해 보도록 해요.

분수와 원은 4, 5, 6학년에서 학습할 내용의 기초가 되므로

차근차근 잘 익히도록 해요.

이번 주에 나오는 어휘 & 지식백과

68쪽 **명상** (瞑 감을 명, 想 생각 상)
조용히 눈을 감고 깊이 생각함.

71쪽 **미세 먼지** (微 작을 미, 細 가늘 세 + 먼지)
눈에 보이지 않을 정도로 작은 먼지

85쪽 **디저트** (dessert)
양식에서 식사 끝에 나오는 과자나 과일 등의 음식

88쪽 **획득** (獲 얻을 획, 得 얻을 득)
얻어 내거나 얻어 가짐.

89쪽 **나선형** (螺 소라 라(나), 旋 돌 선, 形 모양 형)
소라의 껍데기처럼 빙빙 비틀려 돌아간 모양

90쪽 **북어** (北 북녘 북, 魚 물고기 어)
말린 명태. 명태는 바닷물고기이다.

91쪽 **케이블카** (cable car)
공중에 설치한 강철선에 운반차를 매달아 사람, 물건을 나르는 장치

문해력 기초 다지기

◐ 기초 문제가 어떻게 문장제가 되는지 알아봅니다.

1 28의 $\frac{1}{7}$ 은 ☐ 입니다.

28의 $\frac{2}{7}$ 는 ☐ 입니다.

≫ 채영이네 반 학생은 **28명**입니다.

채영이네 반 학생의 $\frac{2}{7}$ 가 강아지를 기른다면

강아지를 기르는 학생은 몇 명인가요?

꼭! 단위까지 따라 쓰세요.

답 _____ 명

2 24의 $\frac{1}{8}$ 은 ☐ 입니다.

24의 $\frac{2}{8}$ 는 ☐ 입니다.

24의 $\frac{3}{8}$ 은 ☐ 입니다.

≫ 하루는 **24시간**입니다.

지윤이는 하루의 $\frac{3}{8}$ 만큼 잠을 잔다면

지윤이가 하루 중 **잠을 자는 시간은 몇 시간**인가요?

답 _____ 시간

3 가분수를 대분수로 나타내기

$$\frac{9}{4} = \boxed{}\dfrac{\boxed{}}{\boxed{}}$$

≫ 떡볶이 1인분을 만드는 데 고춧가루 $\frac{1}{4}$ 컵이 필요합니다.

떡볶이 **9인분**을 만드는 데

필요한 고춧가루는 모두 몇 컵인지 대분수로 나타내 보세요.

답 _____ 컵

4 원의 지름 구하기

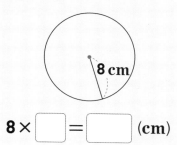

8 cm

$8 \times \boxed{} = \boxed{}$ (cm)

>> 컴퍼스를 **8** cm만큼 벌려서 원을 그렸습니다.
그린 원의 **지름**은 몇 **cm**인가요?

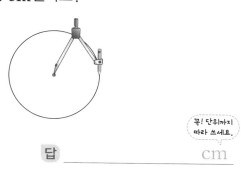

꼭! 단위까지
따라 쓰세요.

답 _____ cm

5 원의 반지름 구하기

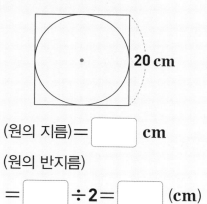

20 cm

(원의 지름)＝$\boxed{}$ cm

(원의 반지름)
＝$\boxed{}$ ÷**2**＝$\boxed{}$ (cm)

>> 한 변의 길이가 **20** cm인 정사각형 모양의 상자에
꼭 맞게 들어 있는 원 모양 **피자의 반지름**은 몇 **cm**인가요?
(단, 상자의 두께는 생각하지 않습니다.)

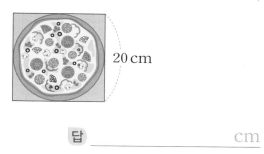

20 cm

답 _____ cm

6 작은 원의 지름 구하기

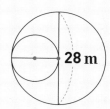

28 m

(작은 원의 지름)
＝(큰 원의 $\boxed{}$)
＝**28**÷$\boxed{}$＝$\boxed{}$ (m)

>> 서아가 튤립 축제에 갔더니 원 모양의 화단이 있었습니다.
큰 원 모양 화단의 지름이 **28** m일 때
작은 원 모양 화단의 지름은 몇 **m**인가요?

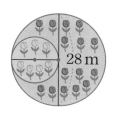

28 m

답 _____ m

준비 학습

문해력 기초 다지기

문장 읽고 **문제 풀기**

◯ 간단한 문장제를 풀어 봅니다.

1 윤서는 어머니와 함께 붕어빵을 **8**개 구워 그중의 $\frac{1}{4}$ 만큼을 먹었습니다.

먹은 붕어빵은 몇 개인가요?

풀이 먹은 붕어빵은 ☐개의 $\frac{1}{4}$ 이므로 ☐개이다.

답 _____

2 분모가 **7**인 진분수는 모두 **몇 개인가요?**

풀이 분모가 7인 진분수: $\frac{☐}{7}, \frac{☐}{7}, \frac{☐}{7}, \frac{☐}{7}, \frac{☐}{7}, \frac{☐}{7}$ → ☐개

답 _____

3 서윤이는 매일 아침에 $\frac{1}{3}$ 시간씩*명상을 합니다.

서윤이가 **20**일 동안 명상을 하는 시간은 **모두 몇 시간인지**
대분수로 나타내 보세요.

풀이 $\frac{1}{3}$ 이 20개이면 $\frac{☐}{3}$ 이다.

이것을 대분수로 나타내면 모두 ☐$\frac{☐}{3}$ 시간이다.

답 _____

문해력 어휘 📖
명상: 조용히 눈을 감고 깊이 생각함.

4 띠 종이의 구멍 중 **한 곳**에는 **누름 못**을 꽂고,
다른 한 곳에는 **연필심**을 꽂아 원을 그리려고 합니다.
그릴 수 있는 **가장 큰 원의 지름**은 몇 **cm**인가요?

왼쪽 끝과 오른쪽 끝의 구멍에
누름 못과 연필심을 각각 꽂아
그리는 원이 가장 커.

2 cm   3 cm

풀이 그릴 수 있는 가장 큰 원의 반지름은 2+□=□ (cm)이다.

➡ (가장 큰 원의 지름)=□×2=□ (cm)

답 _____

5 오른쪽 그림과 같이 반지름을 **3 cm**씩 늘려가며
원을 **3개** 그린 후 색칠하여 과녁판을 만들었습니다.
만든 **과녁판의 지름**은 몇 **cm**인가요?

3 cm

풀이 (과녁판의 반지름)=3+3+□=□ (cm)

➡ (과녁판의 지름)=□×2=□ (cm)

답 _____

6 직사각형 안에 **똑같은 원 2개**를 맞닿게 그린 것입니다.
직사각형의 가로는 몇 **cm**인가요?

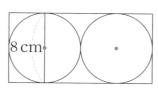

8 cm

풀이 원의 지름은 □ cm이다.

➡ 직사각형의 가로는 원의 지름의 □배이므로 8×□=□ (cm)이다.

답 _____

수학 문해력 기르기

관련 단원 분수

문해력 문제 1

1거리는 오이를 세는 단위로 50개를 나타냅니다./
동현이 어머니가 오이 1거리를 사서/

전체의 $\frac{2}{5}$로 오이지를 만들고,/ 전체의 $\frac{3}{10}$으로 오이김치를 만들었습니다./

사용한 오이는/ 모두 몇 개인지 구하세요.
└ 구하려는 것

해결 전략

오이지를 만든 오이의 수를 구하려면

❶ 오이 1거리의 개수의 $\dfrac{\boxed{}}{5}$ 을/를 구하고

오이김치를 만든 오이의 수를 구하려면

❷ 오이 1거리의 개수의 $\dfrac{\boxed{}}{10}$ 을/를 구한다.

사용한 오이가 모두 몇 개인지 구하려면

❸ 위 ❶과 ❷에서 구한 개수의 합을 구한다.

문제 풀기

❶ (오이지를 만든 오이의 수)=50개의 $\frac{2}{5}=\boxed{}$개

❷ (오이김치를 만든 오이의 수)=$\boxed{}$개의 $\frac{3}{10}=\boxed{}$개

❸ (사용한 오이의 수)=$\boxed{}+\boxed{}=\boxed{}$(개)

답 _____

문해력 레벨업

어떤 수에 대한 분수만큼인지 기준이 되는 수를 꼭 확인하자.

분수만큼을 구할 때 기준이 되는 수에 따라 나오는 수가 달라진다.

12개의 $\frac{1}{6}$: ➡ **2개**,   18개의 $\frac{1}{6}$: ➡ **3개**

1-1 준혁이는 어제/ 하루의 $\frac{1}{8}$은 축구를 했고,/ 하루의 $\frac{1}{6}$은 물놀이를 했습니다./ 준혁이가 어제 축구와 물놀이를 한 시간은/ 모두 몇 시간인가요?

따라 풀기 ❶

❷

❸

답 _____

문해력 레벨 1

1-2 윤하네 가족은 30개가 들어 있는 라면 한 상자를 사서/ $\frac{2}{6}$만큼 먹었고,/ 주하네 가족은 라면 16개를 사서/ $\frac{3}{4}$만큼 먹었습니다./ 누구네 가족이 먹은 라면이/ 몇 개 더 많은지 차례로 쓰세요.

스스로 풀기 ❶

❷

❸

답 _____ , _____

문해력 레벨 2

1-3 어느 지역의 한 달 동안/＊미세 먼지 상태별 날수를 나타낸 표입니다./ '나쁨'인 날수는 '매우 나쁨'인 날수의 $\frac{2}{3}$이고,/ '매우 나쁨'인 날수는 '보통'인 날수의 $\frac{3}{4}$입니다./ '매우 나쁨'인 날은 '나쁨'인 날보다 며칠 더 많은가요?

상태	좋음	보통	나쁨	매우 나쁨
날수(일)	4	12		

스스로 풀기 ❶ '매우 나쁨'인 날수를 구한다.

문해력 백과 📖
미세 먼지: 눈에 보이지
않을 정도로 작은 먼지

❷ '나쁨'인 날수를 구한다.

❸ ('매우 나쁨'인 날수)-('나쁨'인 날수)를 구한다.

답 _____

수학 문해력 기르기

관련 단원 분수

문해력 문제 2

예서네 반의 남학생은 14명,/ 여학생은 13명입니다./

예서네 반에서 휴대 전화가 있는 학생은 전체 학생의 $\dfrac{7}{9}$ 일 때,/

휴대 전화가 없는 학생은/ 몇 명인지 구하세요.
└ 구하려는 것

해결 전략

전체 학생 수를 구하려면

❶ (　　학생 수)＋(　　학생 수)를 구한다.

휴대 전화가 있는 학생 수를 구하려면

❷ (전체 학생 수)의 $\dfrac{}{9}$ 을/를 구하고
└ ❶에서 구한 학생 수

휴대 전화가 없는 학생 수를 구하려면

❸ (전체 학생 수)－(휴대 전화가 있는 학생 수)를 구한다.
└ ❶에서 구한 학생 수　　　　└ ❷에서 구한 학생 수

문제 풀기

❶ (전체 학생 수)＝14＋13＝ □ (명)

❷ (휴대 전화가 있는 학생 수)＝ □ 명의 $\dfrac{\square}{9}$ ＝ □ 명

❸ (휴대 전화가 없는 학생 수)＝27－ □ ＝ □ (명)

답 ＿＿＿＿＿＿＿＿＿＿

문해력 레벨업

남은 개수를 구하려면 전체 개수에서 먹은 개수를 빼자.

전체 개수

← (먹은 개수)

← (남은 개수)＝(전체 개수)－(먹은 개수)

쌍둥이 문제

2-1 현웅이네 집에서는 쌀 30 kg,/ 검은콩 7 kg,/ 귀리 5 kg을 섞어 놓고/ 이 곡물로 밥을 짓습니다./ 지금까지 전체 곡물의 $\frac{5}{7}$를 먹었다면/ 남은 곡물은 몇 kg인가요?

따라 풀기 ❶

❷

❸

답 _____

문해력 레벨 1

2-2 유정이는 전체가 80쪽인 문제집을 사서/ 어제까지 전체의 $\frac{5}{8}$를 풀었습니다./ 오늘은 남은 문제집의 $\frac{1}{6}$을 풀었다면/ 오늘 푼 문제집은 몇 쪽인가요?

스스로 풀기 ❶

❷

❸

답 _____

문해력 레벨 2

2-3 꿀떡을 36개 사서/ 민후는 전체의 $\frac{4}{9}$를 먹고,/ 현아는 민후가 먹고 남은 꿀떡의 $\frac{2}{5}$를 먹은 후/ 나머지를 윤서가 모두 먹었습니다./ 윤서가 먹은 꿀떡은 몇 개인가요?

스스로 풀기 ❶ 민후가 먹은 꿀떡의 수를 구한다.

❷ 민후가 먹고 남은 꿀떡의 수를 구한다.

❸ 현아가 먹은 꿀떡의 수를 구한다.

❹ 윤서가 먹은 꿀떡의 수를 구한다.

답 _____

1일

수학 문해력 기르기

관련 단원 분 수

문해력 문제 3

선생님이 설명한 분수를/ 진주가 알아맞히려고 합니다./ **진주가 답해야 하는 분수를** 구하세요.
└• 구하려는 것

분자와 분모의 합이 13이고/ 분자와 분모의 차가 5인/ 진분수를 맞혀 보렴.

진주

해결 전략

〔 분수의 분자와 분모를 구하는 표를 만들려면 〕

❶ **진분수는 (분자) ◯ (분모)**임을 이용하여
└• >, < 중 알맞은 것 쓰기

❷ 분자와 분모의 합이 [ ] 이/가 되도록 표를 만든다.

〔 진주가 답해야 하는 분수를 구하려면 〕

❸ 위 ❷에서 만든 표에서 **분자와 분모의 차가** [ ] 인 경우를 찾는다.

문제 풀기

❶ 진분수이므로 분자는 분모보다 (크다 , 작다).
└────• 알맞은 말에 ◯표 하기

❷ 분자와 분모의 합이 13이 되도록 표를 만들어 차 구하기

분자	1	2			
분모	12				
분자와 분모의 차	11				

❸ 진주가 답해야 하는 분수: $\dfrac{\boxed{}}{\boxed{}}$

답 _____

문해력 레벨업

분자와 분모의 합을 이용하여 표를 만든 후 차를 구하여 문제를 풀자.

예 **분자와 분모의 합이 9이고 차가 3인 진분수 구하기**

❶ 분자가 분모보다 작으면서 **분자와 분모의 합이 9가 되** 도록 표를 만든다.

분자	1	2	3	4
분모	8	7	6	5
분자와 분모의 차	7	5	3	1

➔ 진분수: $\dfrac{3}{6}$

❷ **분자와 분모의 차가 3인 경우를 찾는다.**

쌍둥이 문제

3-1
분자와 분모의 합이 10이고/ 차가 4인/ 가분수가 있습니다./ 이 가분수를 구하세요.

따라 풀기 ❶

❷ 분자와 분모의 합이 10이 되도록 표를 만들어 차 구하기

분자	9	8			
분모	1				
분자와 분모의 차	8				

❸

답 _____

문해력 레벨 1

3-2
주원이가 어떤 분수를 보고 설명한 것입니다./ 주원이가 설명한 분수를 구하세요.

- 5보다 크고 6보다 작은/ 대분수입니다./
- 분자와 분모를 더하면 12입니다./
- 분자와 분모의 차는 2입니다.

스스로 풀기 ❶ 대분수의 자연수 부분을 구하고 분자와 분모의 크기를 비교해 본다.

❷ 분자와 분모의 합이 12가 되도록 표를 만들어 차를 구한다.

분자	1	2			
분모	11				
분자와 분모의 차	10				

❸ 주원이가 설명한 분수를 구한다.

답 _____

관련 단원 분 수

문해력 문제 4

이솔이가 **우유 한 병을 사서**/ 무게를 재었더니 550 g이었고,/

우유를 $\frac{1}{3}$만큼 마신 다음/ 무게를 재었더니 390 g이었습니다./

빈 병의 무게는/ 몇 g인지 구하세요.
ㄴ구하려는 것

해결 전략

우유 전체의 $\frac{1}{3}$만큼의 무게를 구하려면

❶ (우유 한 병의 무게)−($\frac{1}{3}$만큼 마신 후의 무게)를 구하고

우유 전체의 무게를 구하려면

❷ (우유 전체의 $\frac{1}{3}$만큼의 무게)× ☐ 을/를 구한다.
ㄴ❶에서 구한 무게

빈 병의 무게를 구하려면

❸ (우유 한 병의 무게)−(우유 전체의 무게)를 구한다.
ㄴ❷에서 구한 무게

문해력 핵심

문제 풀기

❶ (우유 전체의 $\frac{1}{3}$만큼의 무게)=550− ☐ = ☐ (g)

❷ (우유 전체의 무게)= ☐ ×3= ☐ (g)

❸ (빈 병의 무게)=550− ☐ = ☐ (g)

답 _____

문해력 레벨업

부분의 양을 알면 전체의 양을 구할 수 있다.

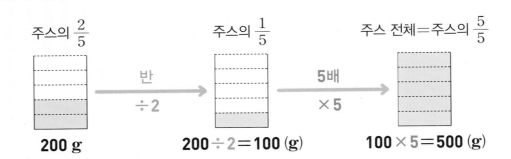

주스의 $\frac{2}{5}$ 주스의 $\frac{1}{5}$ 주스 전체=주스의 $\frac{5}{5}$

반
÷2

5배
×5

200 g   200÷2=100 (g)   100×5=500 (g)

쌍둥이 문제

4-1 어느 식당에서 고추장을 가득 담은 통의 무게를 재었더니 30 kg이었고,/ 고추장을 $\frac{1}{4}$만큼 사용한 다음/ 무게를 재었더니 23 kg이었습니다./ 빈 통의 무게는/ 몇 kg인가요?

따라 풀기　❶

　　　　　❷

　　　　　❸

답 _____

문해력 레벨 1

4-2 아버지가 지리산을 등반하려고 합니다./ 일정한 빠르기로 전체[※]등반로의 $\frac{3}{7}$만큼 가는 데/ 90분이 걸렸습니다./ 같은 빠르기로 전체 등반로의 $\frac{2}{3}$만큼 가는 데/ 몇 분이 걸리나요?

스스로 풀기　❶

문해력 어휘 📖
등반로: 산의 정상에 오르기
위하여 만들어 놓은 길　❷

　　　　　❸

답 _____

문해력 레벨 2

4-3 개구리가 높은 곳에서 뛰어내렸는데/ 첫 번째는 뛰어내린 높이의 $\frac{2}{3}$만큼 튀어 오르고,/ 두 번째는 첫 번째로 튀어 오른 높이의 $\frac{3}{5}$만큼 튀어 올랐습니다./ 이 개구리가 두 번째로/ 튀어 오른 높이가 54 cm일 때,/ 처음 뛰어내린 높이는 몇 cm인가요?

스스로 풀기　❶ 첫 번째로 튀어 오른 높이의 $\frac{1}{5}$만큼의 높이를 구한다.

　❷ 첫 번째로 튀어 오른 높이를 구한다.

　❸ 처음 뛰어내린 높이의 $\frac{1}{3}$만큼의 높이를 구한다.

　❹ 처음 뛰어내린 높이를 구한다.

답 _____

수학 문해력 기르기

관련 단원 원

문해력 문제 5

지름이 120 cm인 큰 원 안에/
각각 그림과 같이 크기가 같은 작은 원을/ 규칙에 따라 그리고 있습니다./
4번째 그림에서/ 작은 원 하나의 반지름은 몇 cm인지 구하세요.

┌─ 구하려는 것

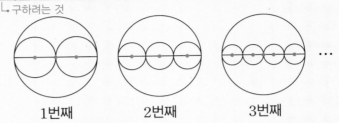

1번째   2번째   3번째   ⋯

해결 전략

┌─ 4번째 그림에서 작은 원의 수를 구하려면 ─┐

❶ 작은 원의 수가 늘어나는 규칙을 찾아 구한다.

> **문해력 핵심**
>
> 작은 원의 수가 2개,
> 3개, 4개, …로 1개씩
> 늘어나는 규칙이다.

┌─ 4번째 그림에서 작은 원 하나의 지름을 구하려면 ─┐
                                          └──→❶에서 구한 원의 수
❷ (큰 원의 지름) ◯ (작은 원의 수)를 구하고
      └──→ +, −, ×, ÷ 중 알맞은 것 쓰기

┌─ 4번째 그림에서 작은 원 하나의 반지름을 구하려면 ─┐

❸ (작은 원 하나의 지름)÷2를 구한다.
      └──→❷에서 구한 길이

문제 풀기

❶ 작은 원이 [ ]개씩 늘어나는 규칙이므로 4번째에서 작은 원은 [ ]개이다.

❷ (4번째에서 작은 원 하나의 지름)=120 ◯ [ ] = [ ] (cm)

❸ (4번째에서 작은 원 하나의 반지름)= [ ] ÷2= [ ] (cm)

답 _____

문해력 레벨업

큰 원의 지름 위에 그려진 작은 원의 지름을 구하려면 큰 원의 지름을 작은 원의 수로 나누자.

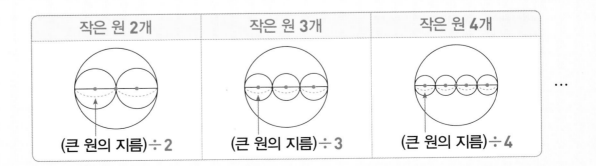

작은 원 **2개**	작은 원 **3개**	작은 원 **4개**	
(큰 원의 지름)÷2	(큰 원의 지름)÷3	(큰 원의 지름)÷4	⋯

쌍둥이 문제

5-1 어느 과자점에서 한 변의 길이가 48 cm인 정사각형 모양 상자 안에/ 각각 크기가 같은 작은 원 모양의 과자를/ 규칙에 따라 담아 팔고 있습니다./ 4호 과자/ 하나의 반지름은 몇 cm인가요?/ (단, 상자의 두께는 생각하지 않습니다.)

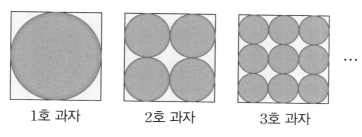

1호 과자   2호 과자   3호 과자

따라 풀기 ❶

한 줄에 놓는 과자의 수의 규칙을 찾아봐.

❷

❸

답 _____

문해력 레벨 1

5-2 지름이 64 cm인 큰 원 안에/ 그림과 같이 규칙에 따라/ 원을 그리고 있습니다./ 4번째 그림에서/ 가장 작은 원의 반지름은 몇 cm인가요?

1번째   2번째   3번째

스스로 풀기 ❶ 그림에서 가장 작은 원의 지름의 규칙을 찾는다.

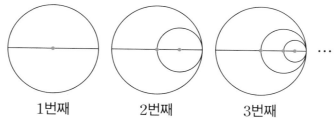

❷ 2번째, 3번째, 4번째 그림에서 가장 작은 원의 지름을 구한다.

❸ 4번째 그림에서 가장 작은 원의 반지름을 구한다.

답 _____

문해력 문제 6

지름이 8 cm인/ 원 6개를/ 서로 원의 중심이 지나도록/ 겹쳐서 그렸습니다./
선분 ㄱㄴ의 길이는/ 몇 cm인지 구하세요.
└ 구하려는 것

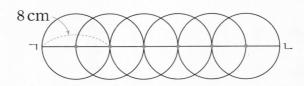

해결 전략

원의 반지름을 구하려면
❶ (원의 지름)÷ ☐ 을/를 구한다.

선분 ㄱㄴ의 길이는 원의 반지름의 몇 배인지 구하려면
❷ 선분 ㄱㄴ에는 원의 반지름이 몇 개 있는지 세어 보고
└•(원의 수+1)개

선분 ㄱㄴ의 길이를 구하려면
❸ (원의 ☐ 지름)×(❷에서 구한 수)를 구한다.
└•❶에서 구한 길이

- -

문제 풀기

❶ (원의 반지름)=8÷ ☐ = ☐ (cm)

❷ 선분 ㄱㄴ의 길이는 원의 반지름의 ☐ 배이다.

❸ (선분 ㄱㄴ)=4× ☐ = ☐ (cm)   답 _____

문해력 레벨업

원의 중심을 지나는 선분의 길이의 규칙을 찾아보자.

원 1개	원 2개	원 3개
(선분 ㄱㄴ)=(반지름)×2	(선분 ㄱㄴ)=(반지름)×3	(선분 ㄱㄴ)=(반지름)×4

···

➡ 원이 ◯개이면 선분 ㄱㄴ의 길이는 원의 반지름의 (◯+1)배이다.

6-1 지름이 6 cm인/ 원 10개를/ 서로 원의 중심이 지나도록/ 겹쳐서 한 줄로 그렸습니다./ 선분 ㄱㄴ의 길이는/ 몇 cm인가요?

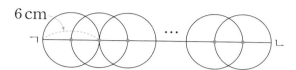

따라 풀기 ❶

❷

❸

답 _____

문해력 레벨 1

6-2 지름이 12 cm인 원 여러 개를/ 서로 원의 중심이 지나도록/ 겹쳐서 한 줄로 그렸습니다./ 선분 ㄱㄴ의 길이가 90 cm일 때,/ 그린 원은 모두 몇 개인가요?

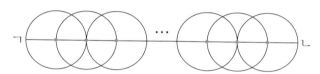

스스로 풀기 ❶

❷

❸

선분 ㄱㄴ의 길이가
원의 반지름의 ○배이면
그린 원은 (○-1)개야.

답 _____

문해력 레벨 2

6-3 오른쪽과 같이 직사각형 안에/ 크기가 같은 원 8개를/ 서로 원의 중심이 지나도록/ 겹쳐서 한 줄로 그렸습니다./ 직사각형의 세로가 108 cm일 때,/ 직사각형의 가로는 몇 cm인가요?

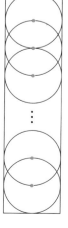

스스로 풀기 ❶ 직사각형의 세로는 원의 반지름의 몇 배인지 구한다.

❷ 원의 반지름을 구한다.

❸ 직사각형의 가로를 구한다.

답 _____

수학 문해력 기르기

문해력 문제 7

오른쪽은 가장 큰 원과 중간 크기의 원을/ 맞닿게 그리고,/ 가장 작은 원을 중간 크기의 원과 맞닿게 그린 후/ 세 원의 중심을 이어 삼각형 ㄱㄴㄷ을 만든 것입니다./ 삼각형 ㄱㄴㄷ의/ 세 변의 길이의 합은 몇 cm인지 구하세요.

└구하려는 것

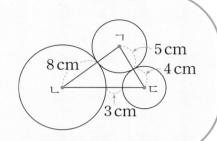

해결 전략

┌삼각형 ㄱㄴㄷ의 세 변의 길이를 각각 구하려면┐
❶ 한 원에서 반지름의 길이는 모두 같다는 것을 이용한다.

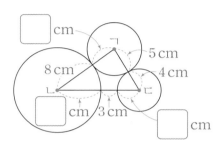

┌삼각형 ㄱㄴㄷ의 세 변의 길이의 합을 구하려면┐
❷ (변 ㄱㄴ)＋(변 ㄴㄷ)＋(변 ㄱㄷ)을 구한다.

문제 풀기

❶ (변 ㄱㄴ)＝ ☐ ＋8＝ ☐ (cm)

(변 ㄴㄷ)＝8＋3＋ ☐ ＝ ☐ (cm)

(변 ㄱㄷ)＝5＋4＝ ☐ (cm)

❷ (삼각형 ㄱㄴㄷ의 세 변의 길이의 합)

＝ ☐ ＋ ☐ ＋ ☐ ＝ ☐ (cm)

답 ＿＿＿＿＿＿＿＿

문해력 레벨업

'한 원에서 반지름의 길이는 모두 같다.'를 이용하여 각 변의 길이를 구하자.

예

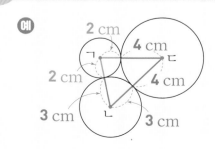

(변 ㄱㄴ)＝2＋3＝5 (cm)

(변 ㄴㄷ)＝3＋4＝7 (cm)

(변 ㄱㄷ)＝2＋4＝6 (cm)

쌍둥이 문제

7-1 오른쪽은 크기가 같은 2개의 원을 맞닿게 그리고,/ 작은 원 1개를 그린 후/ 세 원의 중심을 선분으로 이어 삼각형 ㄱㄴㄷ을 만든 것입니다./ 삼각형 ㄱㄴㄷ의/ 세 변의 길이의 합은 몇 cm인가요?

따라 풀기 ❶

❷

답 _____

문해력 레벨 1

7-2 오른쪽은 반지름이 12 mm인/ 100원짜리 동전 3개와/ 반지름이 9 mm인/ 10원짜리 동전 1개를/ 맞닿게 놓은 것입니다./ 4개의 동전의 중심을 이어 그린 사각형의/ 네 변의 길이의 합은 몇 mm인가요?

스스로 풀기 ❶

문해력 백과 📖
100원짜리 동전의 그림 면에는 이순신 장군이, 10원짜리 동전의 그림 면에는 다보탑이 그려져 있다.

❷

답 _____

문해력 레벨 2

7-3 오른쪽은 지름이 4 cm인/ 9개의 원을 맞닿게 그린 후/ 원의 중심을 이어/ 삼각형을 그린 것입니다./ 삼각형의 세 변의 길이의 합은 몇 cm인가요?

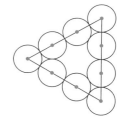

스스로 풀기 ❶ 삼각형의 한 변의 길이를 구한다.

그린 삼각형의 세 변의 길이는 모두 같아.

❷ 삼각형의 세 변의 길이의 합을 구한다.

답 _____

4^일 수학 문해력 기르기

문해력 문제 8

오른쪽은 직사각형 안에/
반지름이 7 cm인/ 원 3개를 맞닿게 그린 것입니다./
직사각형의 네 변의 길이의 합은/ 몇 cm인지 구하세요.
└ 구하려는 것

7 cm

해결 전략

원의 지름을 구하려면

❶ (원의 **반지름**) × 2를 구한다.

직사각형의 네 변의 길이의 합을 구하려면

❷ 원의 지름의 몇 배와 같은지 구하여

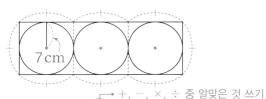

7 cm

┌ +, −, ×, ÷ 중 알맞은 것 쓰기
❸ (원의 지름) ◯ (❷에서 구한 수)를 구한다.
└ ❶에서 구한 길이

문해력 핵심
직사각형의 가로는 원의 지름의 3배이고,
직사각형의 세로는 원의 지름과 같다.

문제 풀기

❶ (원의 지름) = 7 × ☐ = ☐ (cm)

❷ 직사각형의 네 변의 길이의 합은 원의 지름의 ☐배와 같다.

❸ (직사각형의 네 변의 길이의 합) = ☐ × ☐ = ☐ (cm)

답 _____

문해력 레벨업

변의 길이의 합을 구하려면 지름의 몇 배인지 구하자.

예
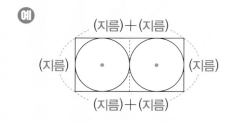

(직사각형의 네 변의 길이의 합)
= (지름)의 **6배**

예
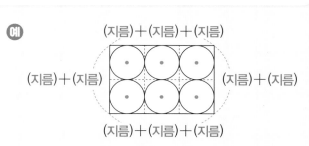

(직사각형의 네 변의 길이의 합)
= (지름)의 **10배**

• 정답과 해설 **18쪽**

복습책 28쪽에 유사, 심화문제 제공

8-1 오른쪽은 정사각형 모양 상자 안에/ 반지름이 5 cm인/ 원 모양의
[※]디저트 접시 4개를 맞닿게 담은 것입니다./ 정사각형 모양 상자의
네 변의 길이의 합은/ 몇 cm인가요?/ (단, 상자의 두께는 생각하지
않습니다.)

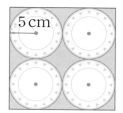

따라 풀기 ❶

문해력 어휘 📖
디저트: 양식에서 식사
끝에 나오는 과자나 과일
등의 음식

❷

❸

답 _____

문해력 레벨 1

8-2 오른쪽은 숫자 7 모양의 주황색 도형 안에/ 반지름이 6 cm인/ 원 7개
를 맞닿게 그린 것입니다./ 주황색 도형의 모든 변의 길이의 합은/ 몇
cm인가요?/ (단, 주황색 도형의 변은 모두 직각으로 만납니다.)

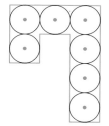

스스로 풀기 ❶

❷

❸

답 _____

문해력 레벨 2

8-3 직사각형 안에/ 반지름이 각각 5 cm, 4 cm인/ 두 원을 번갈아 가며 5개/ 맞닿게 그린
것입니다./ 직사각형의 네 변의 길이의 합은/ 몇 cm인가요?

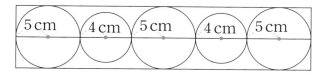

스스로 풀기 ❶ 반지름이 5 cm, 4 cm인 두 원의 지름을 각각 구한다.

❷ 직사각형의 네 변의 길이의 합은 두 원의 지름의 몇 배의 합과 같은지 구한다.

❸ 직사각형의 네 변의 길이의 합을 구한다.

답 _____

4일

수학 문해력 완성하기

관련 단원 분 수

다음과 같은 규칙으로/ $1\frac{1}{5}$부터 대분수를 늘어놓고 있습니다./ 50번째에 놓일 대분수를/ 가분수로 나타내 보세요.

$$1\frac{1}{5},\ 1\frac{2}{5},\ 1\frac{3}{5},\ 1\frac{4}{5},\ 2\frac{1}{5},\ 2\frac{2}{5},\ 2\frac{3}{5},\ 2\frac{4}{5},\ 3\frac{1}{5},\ \ldots$$

해결 전략

· 분모가 **5**인 대분수의 분자는 **1, 2, 3, 4**가 될 수 있다.

$$1\frac{1}{5},\ 1\frac{2}{5},\ 1\frac{3}{5},\ 1\frac{4}{5},\ 2\frac{1}{5},\ 2\frac{2}{5},\ 2\frac{3}{5},\ 2\frac{4}{5},\ 3\frac{1}{5},\ \ldots$$

└─4개─┘ └─4개─┘

※18년 하반기 17번 기출 유형

문제 풀기

❶ 늘어놓은 대분수의 규칙 찾기

자연수 부분이 같은 대분수가 작은 수부터 순서대로 ☐개씩 놓여 있고,

자연수 부분은 1, ☐, ☐, ...(으)로 ☐씩 커지는 규칙이다.

❷ 50번째에 놓일 대분수 구하기

$50 \div 4 = $ ☐ ⋯ ☐

➡ 48번째까지는 자연수 부분이 1부터 12까지인 대분수가 놓인다.

따라서 49번째에 놓일 대분수는 ☐, 50번째에 놓일 대분수는 ☐이다.

❸ 50번째에 놓일 대분수를 가분수로 나타내기

답 _____

관련 단원 원

기출 2 오른쪽 그림에서 직사각형 ㄱㄴㄷㄹ의/ 네 변의 길이의 합은 42 cm입니다./ 점 ㄱ과 점 ㄹ을 중심으로 하는/ 원의 일부분을 각각 그리고,/ 점 ㄷ을 중심으로 하는 원을 그렸습니다./ 점 ㄷ을 중심으로 하는/ 원의 지름은 몇 cm인지 구하세요.

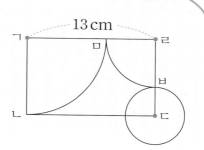

해결 전략

직사각형에서

(가로)＋(세로)＋(가로)＋(세로)＝(네 변의 길이의 합)

⬇

(가로)＋(세로)＝(네 변의 길이의 합)÷2

한 원에서 반지름의 길이는 모두 같다는 것도 기억해.

※20년 하반기 18번 기출 유형

문제 풀기

❶ 직사각형 ㄱㄴㄷㄹ에서 변 ㄱㄴ의 길이 구하기

(가로와 세로의 길이의 합)＝42÷ ▢ ＝ ▢ (cm)

➡ (변 ㄱㄴ)＝ ▢ －13＝ ▢ (cm)

❷ 그린 원의 반지름을 각각 구하기

원	원의 반지름
점 ㄱ을 중심으로 하는 원	(선분 ㄱㄴ)＝ ▢ cm
점 ㄹ을 중심으로 하는 원	(선분 ㄱㄹ)－(선분 ㄱㅁ)＝13－ ▢ ＝ ▢ (cm)
점 ㄷ을 중심으로 하는 원	(선분 ㄹㄷ)－(선분 ㄹㅂ)＝8－ ▢ ＝ ▢ (cm)

❸ 점 ㄷ을 중심으로 하는 원의 지름은 몇 cm인지 구하기

답 _____

공부한 날

월

일

5일 수학 문해력 완성하기

관련 단원 분수

융합 3

동계 올림픽은 겨울 종합 스포츠 대회로/ 4년마다 개최됩니다./ 오른쪽은 2018년 평창 동계 올림픽에서/ 나라별※획득한 메달 수를 나타낸 그림그래프입니다./ 핀란드의 메달 수는 스위스의 메달 수의 $\frac{2}{5}$이고,/ 스위스의 메달 수는/ 네덜란드의 메달 수의 $\frac{3}{4}$입니다./ 네덜란드의 메달은/ 몇 개인지 구하세요.

나라별 획득한 메달 수

나라	메달 수
네덜란드	
대한민국	🥇🥇🥇🥇🥇🥇🥇🥇
스위스	
핀란드	🥇🥇🥇🥇🥇🥇

🥇10개 🥇1개

해결 전략

부분의 수를 알면 전체의 수를 구할 수 있다.

예 전체의 $\frac{2}{3}$가 **10개**이면 → 전체의 $\frac{1}{3}$은 $10 \div 2 = 5$(개)이므로 → 전체는 $5 \times 3 = 15$(개)

문제 풀기

❶ 스위스의 메달 수 구하기

스위스의 메달 수의 $\frac{2}{5}$가 ☐개이므로

스위스의 메달 수의 $\frac{1}{5}$은 ☐ $\div 2 =$ ☐(개)이다.

➡ (스위스의 메달 수)=

❷ 네덜란드의 메달 수 구하기

네덜란드의 메달 수의 $\frac{3}{4}$이 ☐개이므로

네덜란드의 메달 수의 $\frac{1}{4}$은

➡ (네덜란드의 메달 수)=

문해력 어휘
획득: 얻어 내거나 얻어 가짐.

답 _____

관련 단원 원

서헌이는 달팽이의*나선형 껍데기를 보고/ 다음과 같은 모양을 그렸습니다./ 이 모양은 한 변의 길이가 6 cm인/ 정사각형 ㄱㄴㄷㄹ을 그린 후,/ 점 ㄱ, 점 ㄴ, 점 ㄷ, 점 ㄹ을 각각 중심으로 하고 다시 점 ㄱ을 중심으로 하여/ 원의 일부분을 그린 것입니다./ 이 모양에서 선분 ㅅㄱ의 길이는/ 몇 cm인지 구하세요.

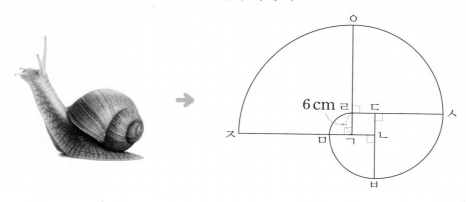

출처: ⓒAleksandar Dickov/shutterstock

해결 전략

· 한 원에서 반지름의 길이는 모두 같다.

· (다음 번에 그리는 원의 반지름)＝(바로 전에 그린 원의 반지름)＋(정사각형의 한 변의 길이)

문제 풀기

❶ 점 ㄱ, 점 ㄴ, 점 ㄷ, 점 ㄹ을 각각 중심으로 하여 그린 원의 반지름을 ①, ②, ③, ④의 순서대로 구하기

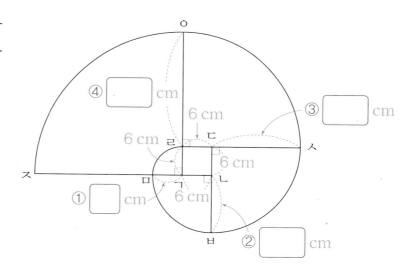

❷ 위 ❶에서 구한 길이를 이용하여 선분 ㅅㄱ의 길이는 몇 cm인지 구하기

문애력 어휘

나선형: 소라의 껍데기처럼 빙빙 비틀려 돌아간 모양

답 _____

수학 문해력 평가하기

문제를 읽고 조건을 표시하면서 풀어 봅니다.

70쪽 문해력 1

1 1쾌는[※]북어를 묶어 세는 단위로 20마리를 나타냅니다. 수영이 어머니가 북어 1쾌를 사서 전체의 $\frac{1}{4}$로 북어찜을 만들고, 전체의 $\frac{1}{5}$로 북어무침을 만들었습니다. 사용한 북어는 모두 몇 마리인가요?

풀이

답 _____

78쪽 문해력 5

2 지름이 240 cm인 큰 원 안에 각각 그림과 같이 크기가 같은 작은 원을 규칙에 따라 그리고 있습니다. 6번째 그림에서 작은 원 하나의 반지름은 몇 cm인가요?

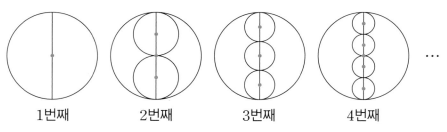

1번째   2번째   3번째   4번째   …

풀이

답 _____

문해력 어휘
북어: 말린 명태. 명태는 바닷물고기이다.

74 쪽 문해력 **3**

3 분자와 분모의 합이 11이고 차가 7인 진분수가 있습니다. 이 진분수를 구하세요.

풀이

답 _____

82 쪽 문해력 **7**

4 오른쪽은 가장 큰 원과 가장 작은 원을 맞닿게 그리고, 중간 크기의 원을 가장 작은 원과 맞닿게 그린 후 세 원의 중심을 선분으로 이어 삼각형 ㄱㄴㄷ을 만든 것입니다. 삼각형 ㄱㄴㄷ의 세 변의 길이의 합은 몇 cm인가요?

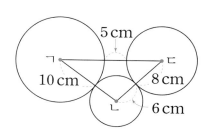

풀이

답 _____

72 쪽 문해력 **2**

5 윤비네 학교 3학년의 남학생은 42명, 여학생은 39명입니다. 3학년 학생 중에서 *케이블카를 타 본 학생은 전체 학생의 $\frac{5}{9}$일 때, 케이블카를 타 보지 않은 학생은 몇 명인가요?

출처: ©photopixel/shutterstock

풀이

답 _____

문애력 **어휘** 📖

케이블카: 공중에 설치한 강철선에 운반차를 매달아 사람, 물건을 나르는 장치

76쪽 문해력 4

6 라윤이가 탄산음료 한 병을 사서 무게를 재었더니 850 g이었고, 탄산음료를 $\frac{1}{5}$만큼 마신 다음 무게를 재었더니 690 g이었습니다. 빈 병의 무게는 몇 g인가요?

풀이

답 _____

84쪽 문해력 8

7 오른쪽은 정사각형 안에 반지름이 5 cm인 원 9개를 맞닿게 그린 것입니다. 정사각형의 네 변의 길이의 합은 몇 cm인가요?

5 cm
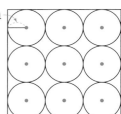

풀이

답 _____

72쪽 문해력 2

8 준서는 140개가 들어 있는 캐러멜 한 봉지를 사서 전체의 $\frac{2}{7}$를 먹었습니다. 남은 캐러멜의 $\frac{3}{5}$을 친구에게 주었다면 친구에게 준 캐러멜은 몇 개인가요?

풀이

답 _____

80 쪽 문해력 6

9 지름이 16 cm인 원 9개를 서로 원의 중심이 지나도록 겹쳐서 한 줄로 그렸습니다. 선분 ㄱㄴ의 길이는 몇 cm인가요?

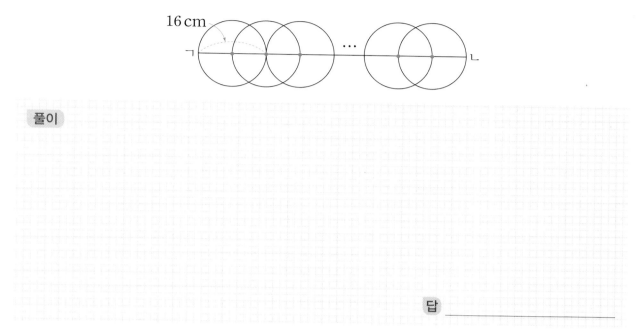

풀이

답 _____

82 쪽 문해력 7

10 100원짜리 동전의 반지름은 12 mm입니다. 다음은 4개의 100원짜리 동전을 2개씩 맞닿게 놓은 것입니다. 4개의 동전의 중심을 이어 그린 사각형의 네 변의 길이의 합은 몇 mm인가요?

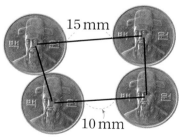

풀이

답 _____

들이와 무게

들이는 물이나 주스의 양을 말할 때, 무게는 몸무게나 물건의 무게와 같이
무거운 정도를 나타내는 양을 말할 때 사용해요.
이번 주에는 들이와 무게를 이용한 생활 속 문제를 차근차근 읽어 보고
덧셈과 뺄셈을 할 때 단위별로 받아올림, 받아내림에 주의하면서 다양한
문제를 해결해 봐요.

이번 주에 나오는 어휘 & 지식백과

103쪽 **동시** (同 한가지 동, 時 때 시)
같은 때나 시기

103쪽 **배수구** (排 밀칠 배, 水 물 수, 口 입 구)
물을 빼내거나 물이 빠져나가는 곳

105쪽 **근** (斤 근 근)
무게의 단위를 나타내는 말로 고기 한 근은 600 g, 채소 한 근은 375 g을 나타낸다.

107쪽 **대량** (大 클 대, 量 헤아릴 량)
아주 많은 양

113쪽 **수하물** (手 손 수, 荷 멜 하, 物 물건 물)
손에 들고 다닐 수 있는 짐

113쪽 **규정** (規 법 규, 定 정할 정)
규칙으로 정해 놓은 것

119쪽 **중력** (重 무거울 중, 力 힘 력)
무게가 있는 물체가 서로 잡아당기는 힘

문해력 기초 다지기

◯ 기초 문제가 어떻게 문장제가 되는지 알아봅니다.

1 3 L 700 mL

= ☐ mL

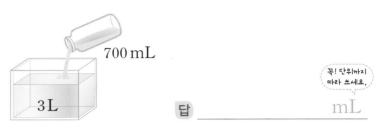

수조에 물을 3 L와 700 mL 부었습니다.
수조에 부은 물은 모두 몇 mL인가요?

700 mL

3 L

꼭! 단위까지
따라 쓰세요.

답 _____ mL

2 2 L 500 mL + 1 L

```
   2 L   500 mL
+  1 L
─────────────
```

마트에서 2 L 500 mL짜리 세제와
1 L짜리 샴푸를 샀습니다.
산 세제와 샴푸는 모두 몇 L 몇 mL인가요?

식 2 L 500 mL + 1 L = ☐ L ☐ mL

답 _____ L _____ mL

3 8 L 900 mL − 2 L 600 mL

음식점에 식용유가 8 L 900 mL 있습니다.
그중 2 L 600 mL를 요리하는 데 사용했다면
남은 식용유는 몇 L 몇 mL인가요?

식 _____

답 _____ L _____ mL

4 1400 g

= [ ] kg [ ] g

≫ 오늘 마트에서 사 온 멜론을 저울에 올려놓았습니다.
이 **멜론의 무게는 몇 kg 몇 g**인가요?

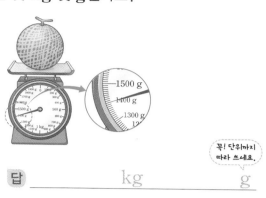

꼭! 단위까지
따라 쓰세요.

답 _____ kg _____ g

5 **36 kg 200 g + 3 kg**

```
  36 kg  200 g
+  3 kg
_____
```

≫ 정효의 몸무게는 **36 kg 200 g**입니다.
정효가 무게가 **3 kg**인 아령을 들고
※**체중계에 올라가서 잰 무게는 몇 kg 몇 g**인가요?

식 36 kg 200 g + 3 kg = [ ] kg [ ] g

답 _____ kg _____ g

6 **8 kg 400 g − 4 kg 300 g**

≫ 규현이의 자전거 무게는 **8 kg 400 g**이고,
킥보드 무게는 **4 kg 300 g**입니다.
자전거는 킥보드보다 **몇 kg 몇 g** 더 무거운가요?

식 _____

답 _____ kg _____ g

문해력 어휘
체중계: 몸무게를 재는 데에 쓰는 저울

공부한 날

월

일

준비
학습

97

○ 간단한 문장제를 풀어 봅니다.

1 세영이는 탄산수 **1 L**와 자몽청 **150 mL**를 섞어서 자몽 에이드를 만들었습니다.
세영이가 만든 **자몽 에이드는 몇 mL**인가요?

답 _____

2 물이 1분에 **2 L 800 mL**씩 일정하게 나오는 수도가 있습니다.
이 수도로 **2분** 동안 받을 수 있는 물은 **몇 L 몇 mL**인가요?

식 _____

답 _____

3 빈 항아리에 물을 **5 L** 부었습니다.
이 항아리에 금이 가서 물이 **3 L 900 mL** 빠져나갔다면
지금 항아리에 **남아 있는 물은 몇 L 몇 mL**인가요?

식 _____

답 _____

4 준수는 무게가 **5 kg**인 책을 무게가 **400 g**인 상자에 담아 택배로 보내려고 합니다.
책이 담긴 상자의 무게는 몇 g인가요?

답 _____

5 리원이의 몸무게는 **38 kg 400 g**이고,
아버지의 몸무게는 리원이의 몸무게보다 **40 kg 800 g**만큼 더 무겁습니다.
아버지의 몸무게는 몇 kg 몇 g인가요?

식 _____

답 _____

6 쌀이 담겨 있는 쌀통의 무게는 **18 kg 500 g**입니다.
쌀의 무게만 재었더니 **14 kg 600 g**이었다면
빈 쌀통의 무게는 몇 kg 몇 g인가요?

식 _____

답 _____

7 짐을 **2 t**까지 실을 수 있는 트럭이 있습니다.
이 트럭에 **1580 kg**의 짐을 실었다면 **몇 kg까지 더 실을 수 있나요?**

2 t을 kg 단위로
바꾸어 식을 세워 봐.

식 _____

답 _____

관련 단원 들이와 무게

문해력 문제 1

서후네 할머니가 간장 10 L 800 mL를 만들어서/
아들에게 2500 mL를 주고,/
딸에게 2 L 700 mL를 주었습니다./
남은 간장은 몇 L 몇 mL인가요?
└ 구하려는 것

해결 전략

답을 몇 L 몇 mL로 구해야 하니까
❶ 2500 mL를 몇 L 몇 mL로 바꾸어 나타낸 후

아들에게 주고 남은 간장의 양을 구하려면
❷ (전체 간장의 양) ◯ (아들에게 준 간장의 양)을 구하고
└ +, −, ×, ÷ 중 알맞은 것 쓰기

아들과 딸에게 주고 남은 간장의 양을 구하려면
❸ (아들에게 주고 남은 간장의 양) ◯ (딸에게 준 간장의 양)을 구한다.
└ ❷에서 구한 간장의 양

문제 풀기

❶ (아들에게 준 간장의 양)＝2500 mL＝2 L ☐ mL

❷ (아들에게 주고 남은 간장의 양)
＝10 L 800 mL −2 L ☐ mL＝8 L ☐ mL

❸ (아들과 딸에게 주고 남은 간장의 양)
＝8 L ☐ mL −2 L 700 mL＝☐ L ☐ mL

답 _____

문해력 레벨업

구하려는 것에 따라 알맞은 식을 세우자.

┌─────────────────────┐   ┌─────────────────────┐
│ • 처음보다 늘어난 후의 양을 구할 때 │   │ • 처음보다 줄어든 후의 양을 구할 때 │
│ • 전체의 양을 구할 때   │   │ • 부분의 양을 구할 때   │
└─────────────────────┘   └─────────────────────┘
          ↓   ↓
    ＋ 들이의 덧셈   − 들이의 뺄셈

1-1 물이 8 L 300 mL 들어 있는 냄비에서/ 물 5300 mL를 사용한 후,/ 다시 1 L 800 mL
의 물을 냄비에 부었습니다./ 지금 냄비에 들어 있는 물은 몇 L 몇 mL인가요?

따라 풀기 ❶

❷

❸

답 _____

문해력 레벨 1

1-2 준하네 가족은 마트에 가서/ 한 병에 2 L 400 mL씩 들어 있는 자몽 주스를/ 2병 사 왔
습니다./ 그중 1 L 700 mL를 마셨다면/ 남은 자몽 주스는 몇 mL인가요?

스스로 풀기 ❶ 사 온 자몽 주스는 몇 L 몇 mL인지 구한다.

❷ 남은 자몽 주스는 몇 L 몇 mL인지 구한다.

❸ 남은 자몽 주스는 몇 mL인지 구한다.

답 _____

문해력 레벨 2

1-3 오른쪽은 건우와 예준이가 어제와 오늘 마신
물의 양입니다./ 이틀 동안 물을 누가/ 몇
mL 더 많이 마셨는지 차례로 쓰세요.

	건우	예준
어제	1 L 840 mL	2 L 100 mL
오늘	2 L 200 mL	2350 mL

스스로 풀기 ❶ 건우가 이틀 동안 마신 물의 양을 구한다.

❷ 예준이가 이틀 동안 마신 물의 양을 구한다.

❸ 두 사람이 마신 물의 양을 비교하여 차를 구한다.

답 _____ , _____

수학 문해력 기르기

관련 단원 들이와 무게

문해력 문제 2

물이 1분에 1 L 100 mL씩 일정하게 나오는 수도로/
들이가 10 L인 빈 항아리에/ 물을 받고 있습니다./
이 항아리 바닥에 금이 가서/ 1분에 400 mL씩 일정하게 물이 샌다면/
3분 동안 항아리에 받아진 물은/ 몇 L 몇 mL인지 구하세요.
└ 구하려는 것

해결 전략

┌ 1분 동안 항아리에 받아진 물의 양을 구하려면 ┐
❶ (1분 동안 수도에서 나오는 물의 양)−(1분 동안 새는 물의 양)을 구하고

┌ 3분 동안 항아리에 받아진 물의 양을 구하려면 ┐
❷ (1분 동안 항아리에 받아진 물의 양)× [   ]을/를 구한다.
 └ ❶에서 구한 물의 양

문제 풀기

❶ (1분 동안 항아리에 받아진 물의 양)

   = 1 L 100 mL − [   ] mL = [   ] mL

> **문해력 핵심**
> 3분 동안 받아진 물의 양은
> 1분 동안 받아진 물의 양의
> 3배이다.

❷ (3분 동안 항아리에 받아진 물의 양)

   = [   ] × 3 = [   ] (mL) ➡ 2 L [   ] mL

답 _____

문해력 레벨업

받아진 물의 양은 수도에서 나오는 물의 양에서 새는 물의 양을 빼서 구한다.

| 1분 동안 나오는 물의 양 | − | 1분 동안 새는 물의 양 | = | 1분 동안 받아진 물의 양 |

쌍둥이 문제

2-1 물이 1초에 400 mL씩 일정하게 나오는 수도를 틀어/ 들이가 3 L인 빈 대야에/ 물을 받고 있습니다./ 이 대야의 바닥에 구멍이 나서/ 1초에 120 mL씩 일정하게 물이 샌다면/ 4초 동안 대야에 받아진 물은/ 몇 L 몇 mL인가요?

따라 풀기 ❶

❷

답 _____

문해력 레벨 1

2-2 물이 30초에 750 mL씩 일정하게 나오는 수도를 틀어/ 빈 세면대에 물을 받고 있는데/ ※동시에 ※배수구로 1분에 550 mL씩 일정하게 물이 빠져나갔습니다./ 이 세면대에 물을 가득 채우는 데/ 5분이 걸렸다면/ 세면대의 들이는 몇 L 몇 mL인가요?

스스로 풀기 ❶ 1분 동안 수도에서 나오는 물의 양을 구한다.

문해력 핵심 🎓

| 30초에 | 750 mL씩 나온다. |
| 1분에 | 550 mL씩 빠져나간다. |

↓
시간의 단위를 같게 맞추자.

❷ 1분 동안 세면대에 받아진 물의 양을 구한다.

문해력 어휘 🗂
동시: 같은 때
배수구: 물이 빠져나가는 곳

❸ 세면대의 들이를 구한다.

답 _____

문해력 레벨 2

2-3 물이 3분에 3 L 600 mL씩 일정하게 나오는 수도를 틀어/ 7 L 200 mL들이의 빈 수조에 물을 받으려고 합니다./ 이 수조의 바닥에 금이 가서/ 1분에 300 mL씩 일정하게 물이 샌다면/ 수조에 물을 가득 채우는 데/ 적어도 몇 분이 걸리나요?/ (단, 수조의 물은 넘치지 않습니다.)

스스로 풀기 ❶

❷

❸

답 _____

관련 단원 들이와 무게

문해력 문제 3

몸무게가 4 kg 500 g인 강아지를/
찬희가 안고 체중계에 올라가/ 몸무게를 재었더니 41 kg 200 g이었습니다./
강아지는/ 찬희보다 몇 kg 몇 g 더 가벼운가요?
└ 구하려는 것

해결 전략

찬희의 몸무게를 구하려면

+, −, ×, ÷ 중 알맞은 것 쓰기

❶ (강아지를 안고 잰 찬희의 몸무게) ◯ (강아지의 몸무게)를 구하고

강아지가 찬희보다 얼마나 더 가벼운지 구하려면

❷ (◻◻◻◻◻의 몸무게)−(◻◻◻◻◻의 몸무게)를 구한다.
└ ❶에서 구한 몸무게

문제 풀기

❶ (찬희의 몸무게)=41 kg 200 g−4 kg 500 g

= ◻ kg ◻ g

❷ 강아지는 찬희보다

◻ kg ◻ g−4 kg 500 g= ◻ kg ◻ g 더 가볍다.

답 _____

문해력 레벨업

두 무게의 합에서 하나의 무게를 빼면 다른 하나의 무게가 된다.

은우의 몸무게   민재의 몸무게   두 사람이 함께 잰 몸무게

?   +   50 kg   =   86 kg

➡ (은우의 몸무게)=(두 사람이 함께 잰 몸무게)−(민재의 몸무게)
=86 kg−50 kg=36 kg

쌍둥이 문제

3-1 하준이가 동생과 함께 체중계에 올라가/ 몸무게를 재었더니 72 kg 800 g이었습니다./ 동생의 몸무게가 28 kg 500 g일 때,/ 하준이는/ 동생보다 몇 kg 몇 g 더 무거운가요?

따라 풀기   ❶

❷

답 _____

문해력 레벨 1

3-2 돼지고기 한※근은 600 g입니다./ 돼지고기 3근과/ 감자 한 봉지를/ 저울에 올려놓았더니 무게가 3 kg이었습니다./ 감자 한 봉지의 무게는/ 몇 kg 몇 g인가요?

스스로 풀기   ❶ 돼지고기 3근의 무게를 구한다.

문해력 백과
근: 무게의 단위를 나타내는 말.
고기 한 근은 600 g, 채소 한
근은 375 g을 나타낸다.

❷ 감자 한 봉지의 무게를 구한다.

답 _____

문해력 레벨 2

3-3 은효가 사전을 들고/ 몸무게를 재면 41 kg 800 g이고,/ 가방을 메고/ 몸무게를 재면 42 kg 520 g입니다./ 은효가 사전을 들고 가방을 멘 채로/ 잰 몸무게가 45 kg 80 g 이었다면/ 은효의 몸무게는 몇 kg 몇 g인가요?

스스로 풀기   ❶ 가방의 무게를 구한다.

```
  (사전 들고 가방 멘 은효 몸무게)
−  (사전 든        은효 몸무게)
―――――――――――――――――――
        (가방의 무게)
```

❷ 은효의 몸무게를 구한다.

답 _____

관련 단원 들이와 무게

문해력 문제 4

배추 1포기가 담긴/ 바구니의 무게는 2 kg 150 g입니다./
이 바구니에 무게가 같은/ 배추 1포기를 더 담았더니/ 무게가 3 kg 950 g이었습니다./
빈 바구니의 무게는 몇 g인지 구하세요.
└• 구하려는 것

해결 전략

주어진 조건을 그림으로 나타내면

2 kg 150 g → 3 kg 950 g

> **문해력 핵심**
> 1포기가 담긴 바구니에 1포기를 더 담으면 2포기가 담긴 바구니가 된다.

배추 1포기의 무게를 구하려면

❶ (2포기가 담긴 바구니의 무게) ◯ (1포기가 담긴 바구니의 무게)를 구하고
┌•+, −, ×, ÷ 중 알맞은 것 쓰기

빈 바구니의 무게를 구하려면

❷ ([   ]포기가 담긴 바구니의 무게)−(배추 1포기의 무게)를 구한다.
┌•❶에서 구한 무게

문제 풀기

❶ (배추 1포기의 무게)＝3 kg 950 g−[   ] kg [   ] g

＝[   ] kg [   ] g

❷ (빈 바구니의 무게)＝2 kg 150 g−[   ] kg [   ] g

＝[   ] g　　　　　답 _____

문해력 레벨업

물건을 담기(덜어 내기) 전과 후의 무게를 이용하여 담은(덜어 낸) 물건의 무게를 구하자.

인형 **1개**가 담긴 상자　　　인형 **2개**가 담긴 상자
400 g　　　　　　　　　**700 g**

(더 담은 인형 **1개**의 무게)
＝700 g−400 g＝300 g

인형 **3개**가 담긴 상자　　　인형 **1개**가 담긴 상자
1000 g　　　　　　　　　**400 g**

(덜어 낸 인형 **2개**의 무게)
＝1000 g−400 g＝600 g

쌍둥이 문제

4-1 무게가 같은 양배추 2개가 담긴/ 장바구니의 무게는 2 kg 360 g입니다./ 이 장바구니에서 양배추 1개를 덜어 내고/ 무게를 재었더니 1 kg 260 g이 되었습니다./ 빈 장바구니의 무게는 몇 g인가요?

따라 풀기 ❶

❷

답 _____

문해력 레벨 1

4-2 무게가 같은 배 4개가 담겨 있는/ 접시의 무게는 3 kg 300 g입니다./ 이 접시에 무게가 같은 배 1개를 더 담았더니/ 무게가 4 kg 50 g이었습니다./ 빈 접시의 무게는 몇 g인가요?

스스로 풀기 ❶ 배 1개의 무게를 구한다.

❷ 배 4개의 무게를 구한다.

❸ 빈 접시의 무게를 구한다.

답 _____

문해력 레벨 2

4-3 승현이네 집에서는 소고기를※대량으로 사서 같은 무게로 나누어 봉지에 담아놓고 사용합니다./ 이 소고기 7봉지를 담은/ 통의 무게를 재었더니 4 kg이었습니다./ 이 통에서 소고기 2봉지를 꺼내어 사용했더니/ 무게가 3 kg 40 g이 되었습니다./ 소고기 4봉지를 담은 통의 무게는/ 몇 kg 몇 g인가요?

스스로 풀기 ❶ 소고기 2봉지의 무게를 구한다.

문해력 어휘
대량: 아주 많은 양

❷ 소고기 1봉지의 무게를 구한다.

7봉지를 담은 통에서
2봉지를 꺼내면
5봉지를 담은 통이 돼.

❸ 소고기 4봉지를 담은 통의 무게를 구한다.

답 _____

2일

수학 문해력 기르기

관련 단원 들이와 무게

문해력 문제 5

윤서는 흰 우유 1 L 800 mL와/ 딸기청 300 mL를 섞어서/
딸기 우유를 만들었습니다./
만든 딸기 우유를 가족과 함께 나누어 마셨더니/ 600 mL가 남았습니다./
마신 딸기 우유는/ 몇 L 몇 mL인지 구하세요.
└ 구하려는 것

해결 전략

만든 딸기 우유의 양을 구하려면
❶ (흰 우유의 양)＋(딸기청의 양)을 구하고

마신 딸기 우유의 양을 구하려면   ●＋, −, ×, ÷ 중 알맞은 것 쓰기
❷ (만든 딸기 우유의 양)◯(남은 딸기 우유의 양)을 구한다.
└●에서 구한 양

문제 풀기

❶ (만든 딸기 우유의 양)＝1 L 800 mL＋ ☐ mL

＝ ☐ L ☐ mL

❷ (마신 딸기 우유의 양)＝ ☐ L ☐ mL−600 mL

＝ ☐ L ☐ mL

답 _____

문해력 레벨업

전체 양에서 남은 양을 빼면 마신 양을 구할 수 있다.

전체 양 − 마신 양 = 남은 양

전체 양 − 남은 양 = 마신 양

쌍둥이 문제

5-1 윤아는 열대어를 키우려고 어항에 찬물 4 L 500 mL와/ 따뜻한 물 1 L 200 mL를 섞어서/ 미지근한 물을 담았습니다./ 어항에 담긴 물이 너무 많아서 덜어 내었더니/ 4 L 900 mL가 남았습니다./ 어항에서 덜어 낸 물은 몇 mL인가요?

따라 풀기 ❶

❷

답 _____

문해력 레벨 1

5-2 지유네 집에서 기르는 강아지와 고양이가/ 지난 달에 사료를 다음과 같이 먹었습니다./ 강아지와 고양이 중/ 먹은 사료의 무게가 더 무거운 동물은 무엇인가요?

	먹기 전의 무게	먹은 후의 무게
강아지의 사료	15 kg	11 kg 400 g
고양이의 사료	11 kg 300 g	8 kg 400 g

스스로 풀기 ❶ 강아지와 고양이가 먹은 사료의 무게를 각각 구한다.

❷ 강아지와 고양이가 먹은 사료의 무게를 비교한다.

답 _____

문해력 레벨 2

5-3 어느 자동차의 빈 연료 통에/ 연료 20 L를 넣은 후/ 100 km를 달렸더니/ 연료가 13 L 800 mL 남았습니다./ 이 자동차가 100 km를 더 달린다면/ 남는 연료는 몇 L 몇 mL인가요?/ (단, 달린 거리에 따라 사용하는 연료의 양은 일정합니다.)

스스로 풀기 ❶ 100 km를 달리는 데 사용한 연료의 양을 구한다.

❷ 100 km를 더 달린 후 남는 연료의 양을 구한다.

답 _____

수학 문해력 기르기

관련 단원 들이와 무게

문해력 문제 6

두유 3팩과 주스 2병의/ 들이의 합은 1 L 70 mL이고,/
두유 2팩과 주스 4병의/ 들이의 합은 1 L 380 mL입니다./
두유 1팩의 들이는 몇 mL인지 구하세요./ → 구하려는 것
(단, 두유의 들이, 주스의 들이는 각각 같습니다.)

해결 전략

❶ 두유 3팩과 주스 2병의 들이를 2번 더하여 주스를 4병으로 만든다.

 ← 1 L 70 mL

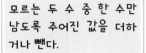 ← 1 L 70 mL

+

문해력 핵심
모르는 두 수 중 한 수만 남도록 주어진 값을 더하거나 뺀다.

❷ 들이의 차를 구하여 두유의 들이만 남긴다.

 → ❶에서 구한 들이

 ← 1 L 380 mL

−

[두유 1팩의 들이를 구하려면]
❸ (두유 4팩의 들이) ◯ 4를 구한다.   → +, −, ×, ÷ 중 알맞은 것 쓰기
└→ ❷에서 구한 들이

문제 풀기

❶   (두유 3팩과 주스 2병) = 1 L   70   mL
  + (두유 3팩과 주스 2병) = 1 L   70   mL
  ─────────────────────────
     (두유 6팩과 주스 4병) = ☐ L ☐ mL

❷   (두유 6팩과 주스 4병) = ☐ L ☐ mL
  − (두유 2팩과 주스 4병) = 1 L   380 mL
  ─────────────────────────
     (두유 4팩)   =   ☐ mL

❸ (두유 1팩의 들이) = ☐ ÷ 4 = ☐ (mL)

답 _____

쌍둥이 문제

6-1 요구르트 2병과 식혜 3캔의/ 들이의 합은 1 L 610 mL이고,/ 요구르트 1병과 식혜 6캔의/ 들이의 합은 2 L 380 mL입니다./ 요구르트 1병의 들이는 몇 mL인가요?/ (단, 요구르트의 들이, 식혜의 들이는 각각 같습니다.)

> 따라 풀기 ❶
>
> ❷
>
> ❸

답 _____

문해력 레벨 1

6-2 오렌지 3개와 사과 1개의/ 무게를 재었더니 1 kg 290 g이었고,/ 오렌지 2개와 사과 4개의/ 무게를 재었더니 2 kg 60 g이었습니다./ 오렌지 3개와 사과 3개의 무게의 합은/ 몇 kg 몇 g인가요? (단, 오렌지의 무게, 사과의 무게는 각각 같습니다.)

1kg 290g

2kg 60g

> 스스로 풀기 ❶ 오렌지 5개와 사과 5개의 무게의 합을 구한다.
>
> ❷ 오렌지 1개와 사과 1개의 무게의 합을 구한다.
>
> ❸ 오렌지 3개와 사과 3개의 무게의 합을 구한다.

답 _____

문해력 문제 7

최대 3 t의 짐을 실을 수 있는/ 빈 트럭이 있습니다./
이 트럭에 20 kg짜리 상자 45개,/
25 kg짜리 상자 76개를 실었습니다./
이 트럭에 짐을 몇 kg까지/ 더 실을 수 있는지 구하세요.
└ 구하려는 것

해결 전략

답을 몇 kg으로 구해야 하니까

❶ 최대로 실을 수 있는 무게를 몇 kg으로 바꾸어 나타낸 후

실은 상자의 무게를 구하려면

❷ (한 상자의 무게) × (상자의 수)를 각각 구하고

더 실을 수 있는 무게를 구하려면

❸ 최대로 실을 수 있는 무게에서 실은 상자의 무게를 차례로 빼서 구한다.
└ ❷에서 구한 두 무게

문제 풀기

❶ (최대로 실을 수 있는 무게)＝3 t＝ [　　　] kg

❷ (20 kg짜리 상자 45개의 무게)＝20 × 45＝ [　　　] (kg)

(25 kg짜리 상자 76개의 무게)＝25 × [　　　]＝ [　　　] (kg)

❸ (더 실을 수 있는 무게)＝ [　　　] kg － [　　　] kg － [　　　] kg

＝ [　　　] kg

답 _____

문해력 레벨업

더 실을 수 있는 무게는 (최대로 실을 수 있는 무게) — (실은 무게)이다.

예 짐을 최대 1 t 실을 수 있는 트럭에 더 실을 수 있는 짐의 무게 구하기

실은 짐의 무게: 800 kg

(더 실을 수 있는 짐의 무게)
＝1 t－800 kg
＝1000 kg－800 kg＝**200 kg**

쌍둥이 문제

7-1 어느 화물용 승강기에/ 실을 수 있는 최대 무게는 2 t입니다./ 빈 화물용 승강기에 320 kg짜리 물건 4개,/ 50 kg짜리 물건 12개를 실었다면/ 이 화물용 승강기에 몇 kg까지 더 실을 수 있나요?

따라 풀기 **❶**

❷

❸

답 _____

문해력 레벨 1

7-2 윤비가 타려고 하는 비행기의 *수하물* 규정에 따르면/ 비행기 안에 가지고 탈 수 있는 가방의/ 최대 무게는 12 kg입니다./ 윤비는 무게가 3 kg 200 g인 빈 가방에/ 무게가 다음과 같은 물건을 담았습니다./ 이 가방을 가지고 비행기를 탄다면/ 가방에 500 g짜리 책을/ 몇 권까지 더 담을 수 있나요?

옷: 3 kg 500 g,   노트북: 1 kg 300 g,   신발: 2 kg 400 g

스스로 풀기 **❶** 옷, 노트북, 신발을 담은 가방의 무게를 구한다.

문해력 어휘 📖

수하물: 손에 들고 다닐 수 있는 짐
규정: 규칙으로 정해 놓은 것

❷ 가방에 더 담을 수 있는 무게를 구한다.

❸ 가방에 500 g짜리 책을 몇 권까지 더 담을 수 있는지 구한다.

답 _____

관련 단원 들이와 무게

문해력 문제 8

가지, 고추, 애호박의 무게가 그림과 같고,/ 가지 1개의 무게는 140 g입니다./ 가지의 무게, 고추의 무게가 각각 같을 때,/ 애호박 1개의 무게는 몇 g인지 구하세요.
└ 구하려는 것

가지 2개   고추 8개   고추 10개 애호박 1개

해결 전략

고추 8개의 무게를 구하려면

❶ **가지 2개의 무게를 구하면 되니까**

(가지 1개의 무게)× ☐ 을/를 구하고

고추 1개의 무게를 구하려면

❷ (고추 8개의 무게)÷8을 구한다.
└ ❶에서 구한 무게

애호박 1개의 무게를 구하려면

❸ **고추 ☐ 개의 무게를 구하면 되니까**

(고추 1개의 무게)×10을 구한다.
└ ❷에서 구한 무게

> **문해력 핵심**
> 저울이 수평을 이루면 양쪽 물건의 무게가 같다.
> ● (가지 2개)=(고추 8개)
> ● (고추 10개)=(애호박 1개)

문제 풀기

❶ (고추 8개의 무게)=140× ☐ = ☐ (g)

❷ (고추 1개의 무게)= ☐ ÷8= ☐ (g)

❸ (애호박 1개의 무게)=35× ☐ = ☐ (g)

답 _____

문해력 레벨업

저울이 수평을 이루면 양쪽 물건의 무게가 같으므로 '='로 나타내자.

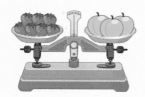

🍓 1개의 무게가 30 g일 때

(🍓 **7개의 무게**)=(🍎 **3개의 무게**)이므로

(🍎 3개의 무게)=30×7=210 (g)이다.

8-1 귤, 사과, 멜론의 무게가 오른쪽과 같고,/ 귤 1개의 무게는 60 g입니다./ 귤의 무게, 사과의 무게가 각각 같을 때,/ 멜론 1개의 무게는 몇 g인가요?

귤 9개   사과 2개   사과 5개   멜론 1개

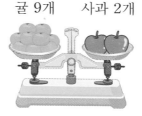 

따라 풀기   ❶

❷

❸

답 _____

문해력 레벨 1

8-2 참외 1개의 무게는/[※]무화과 3개의 무게와 같고,/ 무화과 8개의 무게는/ 배 2개의 무게와 같습니다./ 참외 1개의 무게가 345 g일 때,/ 배 1개의 무게는 몇 g인가요?/ (단, 무화과의 무게, 배의 무게는 각각 같습니다.)

스스로 풀기   ❶

문해력 백과 📖
무화과: 무화과 나무에서 열리는 달걀 모양의 열매

❷

❸

답 _____

문해력 레벨 2

8-3 파란 공과 빨간 공의 무게가 오른쪽과 같고,/ 파란 공 1개와 빨간 공 2개의 무게의 합은/ 455 g입니다./ 빨간 공 1개의 무게는 몇 g인가요?/ (단, 같은 색깔 공끼리 무게가 같습니다.)

파란 공 3개   빨간 공 1개

스스로 풀기   ❶ 빨간 공 2개의 무게는 파란 공 몇 개의 무게와 같은지 구한다.

❷ 파란 공 1개의 무게를 구한다.

❸ 빨간 공 1개의 무게를 구한다.

답 _____

수학 문해력 완성하기

 1 형과 동생의 몸무게의 합은/ 55 kg 300 g이고,/ 동생은/ 형보다 7500 g 더 가볍다고 합니다./ 형과 동생의 몸무게는/ 각각 몇 kg 몇 g인지 구하세요.

해결 전략

동생은 형보다 **7500 g** 더 가볍다.
➜ (동생의 몸무게)=(형의 몸무게)—**7500 g**

두 몸무게의 차를 이용하여 형과 동생의 몸무게를 하나의 기호를 사용하여 나타낼 수 있어.

※16년 상반기 17번 기출 유형

문제 풀기

❶ 7500 g을 몇 kg 몇 g으로 나타내기

7500 g = ☐ kg ☐ g

❷ 형과 동생의 몸무게를 하나의 기호를 사용하여 나타내기

형의 몸무게를 ○라 하면 동생의 몸무게는

❸ 형과 동생의 몸무게의 합이 55 kg 300 g임을 이용하여 형의 몸무게는 몇 kg 몇 g인지 구하기

❹ 동생의 몸무게는 몇 kg 몇 g인지 구하기

답 형: _____ , 동생: _____

─ 관련 단원 들이와 무게

기출 2 24 L들이 통이/ 4개 있습니다./ ㉮, ㉯, ㉰, ㉱의 각 그릇에 물을 가득 채워/ 빈 통에 다음 횟수만큼 물을 부었을 때/ 각각의 통에 물이 넘치지 않고 가득 찹니다./ ㉮, ㉯, ㉰, ㉱ 그릇 중/ 들이가 가장 많은 그릇과/ 가장 적은 그릇의/ 들이의 차는 몇 L인지 구하세요.

㉮로 12번   ㉯로 8번   ㉰로 4번   ㉱로 6번

해결 전략

들이가 같은 통에 물을 가득 채울 때까지 부은 횟수가 적을수록 그릇의 들이가 많다.

예

4번   3번   2번   →   ▯ < ▯ < ▯

※ 09년 상반기 15번 기출 유형

문제 풀기

❶ 들이가 가장 많은 그릇을 찾아 그 그릇의 들이 구하기
　　　　　　　　　　　　　　　　　　　• 알맞은 말에 ○표 하기
들이가 가장 많은 그릇은 부은 횟수가 가장 (많은, 적은) ▯ 그릇이다.

➡ (들이가 가장 많은 그릇의 들이)＝24÷▯＝▯ (L)

❷ 들이가 가장 적은 그릇을 찾아 그 그릇의 들이 구하기

_____

_____

❸ 들이가 가장 많은 그릇과 가장 적은 그릇의 들이의 차는 몇 L인지 구하기

_____

답 _____

관련 단원 들이와 무게

창의 **3**

소고기 미역국 5인분을 만드는 데 필요한 재료입니다./ 학교 급식실에서/ 소고기 미역국 80인분을 만들려고 합니다./ 필요한 양념 재료는/ 모두 몇 L 몇 mL인지 구하세요.

소고기 미역국 재료 (5인분 기준)	
[주재료]	[양념 재료]
소고기 국거리용 200 g	참기름 2큰술
마른 미역 20 g	국간장 3큰술
물 1 L 500 mL	멸치액젓 2작은술
(1큰술의 양)=15 mL, (1작은술의 양)=5 mL	

해결 전략

(**1인분**의 재료의 양)=(**5인분**의 재료의 양)÷**5**

(**80인분**의 재료의 양)=(**1인분**의 재료의 양)×**80**

문제 풀기

❶ 5인분을 만드는 데 필요한 양념 재료의 양 구하기

(참기름 2큰술의 양)= ☐ ×2= ☐ (mL)

(국간장 3큰술의 양)=

(멸치액젓 2작은술의 양)=

➡ (5인분의 양념 재료의 양)=

❷ 1인분을 만드는 데 필요한 양념 재료의 양 구하기

❸ 80인분을 만드는 데 필요한 양념 재료는 모두 몇 L 몇 mL인지 구하기

답

─ 관련 단원 들이와 무게

융합 4

지구의*중력은/ 달의 중력의 6배여서/ 지구에서 몸무게는 달에서 몸무게의 6배가 된다고 합니다./ 달에서 하준이가 몸무게를 재면 6 kg 200 g이 되고,/ 달에서 형이 동생을 안고/ 몸무게를 재면 8 kg 800 g이 됩니다./ 지구에서 동생의 몸무게가 7 kg 200 g일 때,/ 지구에서 하준이와 형이 함께/ 몸무게를 재면 몇 kg 몇 g인지 구하세요.

해결 전략

달에서 몸무게
5 kg

× 6

지구에서 몸무게
30 kg

문제 풀기

❶ 달에서 잰 하준, 형, 동생의 몸무게의 합 구하기

(달에서 잰 하준이의 몸무게) + (달에서 잰 형과 동생의 몸무게의 합)

=

❷ 지구에서 잰 하준, 형, 동생의 몸무게의 합 구하기

❸ 지구에서 하준이와 형이 함께 잰 몸무게는 몇 kg 몇 g인지 구하기

문해력 백과
중력: 무게가 있는 물체가 서로 잡아당기는 힘

답 _____

수학 문해력 평가하기

문제를 읽고 조건을 표시하면서 풀어 봅니다.

100쪽 문해력 1

1 어머니가 육수 5 L 200 mL를 만들었습니다. 만든 육수 중 1 L 800 mL를 사용하여 수제비를 만든 후, 다시 1300 mL의 육수를 사용하여 된장찌개를 만들었습니다. 지금 남아 있는 육수는 몇 L 몇 mL인가요?

풀이

답 _____

104쪽 문해력 3

2 승연이가 고양이를 안고 체중계에 올라가 몸무게를 재었더니 44 kg 500 g이었습니다. 고양이의 몸무게가 3 kg 900 g이라면 승연이는 고양이보다 몇 kg 몇 g 더 무거운가요?

출처: ⓒLubenica/shutterstock

풀이

답 _____

108 쪽 문해력 5

3 윤재는 빨간색 페인트 2 L 600 mL와 흰색 페인트 1 L 100 mL를 섞어서 분홍색 페인트를 만들었습니다. 만든 분홍색 페인트를 창고 벽면에 칠했더니 800 mL가 남았습니다. 창고 벽면에 칠한 분홍색 페인트는 몇 L 몇 mL인가요?

풀이

답 _____

102 쪽 문해력 2

4 들이가 24 L인 빈 욕조에 물이 1분에 1 L 400 mL씩 일정하게 나오는 수도를 틀어 물을 받고 있는데 동시에 배수구로 1분에 480 mL씩 일정하게 물이 빠져나가고 있습니다. 8분 동안 욕조에 받아진 물은 몇 L 몇 mL인가요?

풀이

답 _____

106 쪽 문해력 4

5 수박 1통을 담은 상자의 무게는 8 kg 550 g입니다. 이 상자에 무게가 같은 수박 1통을 더 담았더니 무게가 16 kg 700 g이었습니다. 빈 상자의 무게는 몇 g인가요?

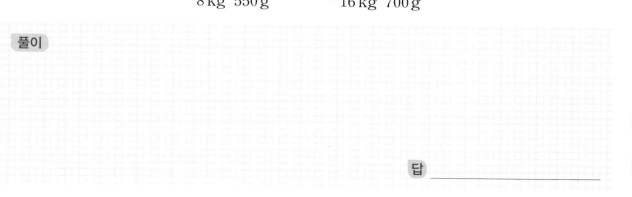

8 kg 550 g   16 kg 700 g

풀이

답 _____

112쪽 문해력 7

6 최대 5 t의 짐을 실을 수 있는 빈 트럭이 있습니다. 이 트럭에 40 kg짜리 상자 50개, 50 kg짜리 상자 30개를 실었습니다. 이 트럭에 짐을 몇 kg까지 더 실을 수 있나요?

풀이

답 _____

114쪽 문해력 8

7 감자, 양파, 무의 무게가 다음과 같고, 감자 1개의 무게는 90 g입니다. 감자의 무게, 양파의 무게가 각각 같을 때 무 1개의 무게는 몇 g인가요?

감자 7개   양파 3개   양파 8개   무 1개

풀이

답 _____

112 쪽 문해력 7

8 지온이가 강아지를 목욕시키기 위해 통에 물을 받고 있습니다. 1초에 550 mL씩 뜨거운 물이 나오는 수도로 4초 동안 받고, 1초에 580 mL씩 차가운 물이 나오는 수도로 5초 동안 받았습니다. 이 통에 물을 6 L 받으려면 앞으로 더 받아야 하는 물은 몇 mL인가요?

풀이

답 _____

106 쪽 문해력 4

9 똑같은 게임기 3대가 담겨 있는 통의 무게는 3 kg 600 g입니다. 이 통에 똑같은 게임기 1대를 더 담았더니 무게가 4 kg 400 g이었습니다. 빈 통의 무게는 몇 kg 몇 g인가요?

풀이

답 _____

110 쪽 문해력 6

10 생수 1병과 우유 4팩의 들이의 합은 1 L 700 mL이고, 생수 2병과 우유 5팩의 들이의 합은 2 L 500 mL입니다. 우유 1팩의 들이는 몇 mL인가요? (단, 우유의 들이, 생수의 들이는 각각 같습니다.)

풀이

답 _____

주말
평가

123

MEMO

복습책

천재교육

초등 문해력
독해가
힘이다

빈틈없는
수준별 학습으로
빠져나갈 구멍 없이
완전봉쇄!

사고력

서술형

독해력

이제 긴 문제도
어렵지 않아요!

기본기와 서술형을 한 번에, 확실하게
수학 자신감은 덤으로!

수학리더 시리즈 (초1~6 / 학기용)

[연산]
(*예비초~초6/총14단계)

[개념]

[기본]

[유형]

[기본＋응용]

[응용·심화]

[최상위]
(*초3~6)

1-1 유사 문제

1 어느 농장에서 기르는 동물의 수를 나타낸 표입니다. 이 농장에서 기르는 토끼, 돼지, 양의 다리는 모두 몇 개인가요?

동물	🐰 토끼	🐷 돼지	🐑 양
동물의 수(마리)	13	42	36

풀이

답 _____

1-2 유사 문제

2 혜인이는 6월 한 달 동안 매주 월요일, 수요일, 금요일마다 발레를 하루에 40분씩 했습니다. 혜인이가 6월 한 달 동안 발레를 한 시간은 모두 몇 분인가요?

풀이

6월						
일	월	화	수	목	금	토
	1	2	3	4	5	6
7	8	9	10	11	12	13
14	15	16	17	18	19	20
21	22	23	24	25	26	27
28	29	30				

답 _____

1-3 유사 문제

3 이슬 유치원에서 졸업하는 어린이에게 장미 3송이를 묶어 만든 꽃다발을 하나씩 나누어 주려고 합니다. 장미가 120송이 있고, 반별 졸업하는 어린이 수가 다음과 같을 때 장미는 몇 송이 더 필요한가요?

반	꽃잎 반	은하수 반	솔잎 반	열매 반
어린이 수(명)	15	10	14	11

풀이

답 _____

2-1 유사 문제

4 민후네 집에는 일주일 중 5일만 하루에 190 mL짜리 우유가 한 개씩 배달되고, 윤서네 집에는 일주일에 중 3일만 하루에 350 mL짜리 우유가 한 개씩 배달됩니다. 일주일 동안 민후와 윤서네 집에 배달된 우유는 모두 몇 mL인가요?

풀이

답 _____

2-2 유사 문제

5 어느 과일 가게에서는 자몽 한 개를 540원에 사 와서 1000원에 팔고, 복숭아 한 개를 1250원에 사 와서 2000원에 판다고 합니다. 이 과일 가게에서 자몽 4개와 복숭아 5개를 팔았다면 이익은 모두 얼마인가요?

풀이

답 _____

문해력 레벨 2

6 음식별 들어 있는 *카페인의 양을 나타낸 표입니다. 한 달 동안 승윤이는 콜라 24캔과 초콜릿 20개를 먹었고, 아버지는 커피믹스 22봉지를 먹었습니다. 한 달 동안 승윤이와 아버지 중 누가 섭취한 카페인이 몇 *밀리그램 더 많은지 차례로 쓰세요.

음식	콜라 1캔	초콜릿 1개	커피믹스 1봉지
카페인의 양(밀리그램)	24	15	65

풀이

문해력 백과
카페인: 커피의 열매나 잎,
카카오와 차의 잎 등에
들어 있으며 쓴맛이 난다.
밀리그램: 무게의 단위

답 _____ , _____

본책 15쪽의 유사 문제
• 정답과 해설 27쪽

3-1 유사 문제

1 준호는 수학 문제를 매일 16문제씩 풉니다. 준호가 10월, 11월 두 달 동안 푸는 수학 문제는 모두 몇 문제인가요?

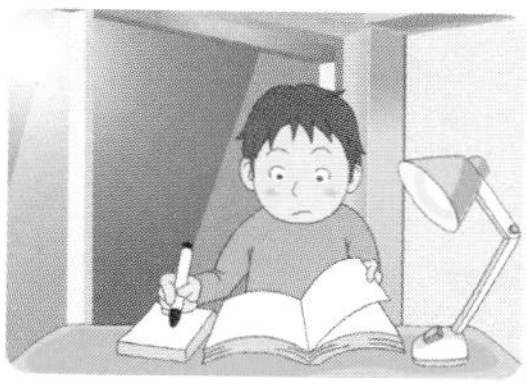

풀이

답 ______________

3-2 유사 문제

2 서인이는 매일 산책을 30분씩 하고 스트레칭을 15분씩 합니다. 7월 1일부터 9월 10일까지 서인이가 산책과 스트레칭을 하는 시간은 모두 몇 분인가요?

풀이

답 ______________

3-3 유사 문제

3 라면 공장에서 기계 한 대가 3분 동안 라면을 20개씩 포장합니다. 같은 기계 5대가 쉬지 않고 1시간 동안 포장하는 라면은 모두 몇 개인가요?

풀이

답 ______________

4-1 유사 문제

4 세정이와 아버지의 나이를 더했더니 55가 되었고 곱했더니 574가 되었습니다. 세정이와 아버지의 나이는 각각 몇 살인가요?

풀이

답 세정: _____ , 아버지: _____

4-2 유사 문제

5 문구점에서 한 개에 500원짜리 지우개와 한 개에 800원짜리 자를 합하여 11개를 팔았습니다. 판 지우개가 자보다 더 적고, 지우개 수와 자의 수를 곱하면 18입니다. 문구점에서 판 지우개의 값과 자의 값은 각각 얼마인가요?

풀이

답 지우개의 값: _____ , 자의 값: _____

문해력 레벨 2

6 연후의 지갑에는 50원짜리 동전과 100원짜리 동전이 합하여 22개 들어 있습니다. 두 가지 동전 수를 곱하면 112이고 50원짜리 동전이 100원짜리 동전보다 더 많습니다. 연후의 지갑에 들어 있는 돈은 모두 얼마인가요?

풀이

답 _____

5-1 유사 문제

1 1분에 934 m를 가는 빠르기로 달리는 버스가 다리를 건너기 시작한 지 2분 만에 완전히 건너갔습니다. 이 버스의 길이가 10 m일 때 다리의 길이는 몇 m인가요?

풀이

답 _____

5-2 유사 문제

2 열차가 1초에 22 m를 가는 빠르기로 달려서 길이가 1850 m인 터널을 통과하려고 합니다. 열차가 터널에 들어가기 시작한 지 1분 30초 만에 완전히 통과하였습니다. 이 열차의 길이는 몇 m인가요?

풀이

답 _____

5-3 유사 문제

3 ㉮ 기차의 길이는 120 m이고, ㉯ 기차의 길이는 134 m입니다. 4초에 80 m를 가는 빠르기로 달리는 ㉮ 기차가 다리를 건너기 시작하여 완전히 건너는 데까지 36초가 걸렸습니다. ㉯ 기차가 이 다리를 건너기 시작하여 완전히 건너는 데까지 달려야 하는 거리는 몇 m인가요?

풀이

답 _____

6-1 유사 문제

4 길이가 30 cm인 종이테이프 25장을 7 cm씩 겹쳐서 한 줄로 길게 이어 붙였습니다. 이어 붙인 종이테이프의 전체 길이는 몇 cm인가요?

풀이

답 _____

6-3 유사 문제

5 길이가 48 cm인 색 테이프 21장을 같은 길이만큼씩 겹쳐서 한 줄로 길게 이어 붙였더니 전체 길이가 908 cm가 되었습니다. 색 테이프를 몇 cm씩 겹쳐서 이어 붙인 것인지 구하세요.

풀이

답 _____

문해력 레벨 3

6 길이가 같은 종이띠 32장을 6 cm씩 겹쳐서 그림과 같이 이어 붙였더니 이어 붙인 전체 길이가 454 cm가 되었습니다. 종이띠 한 장의 길이는 몇 cm인가요?

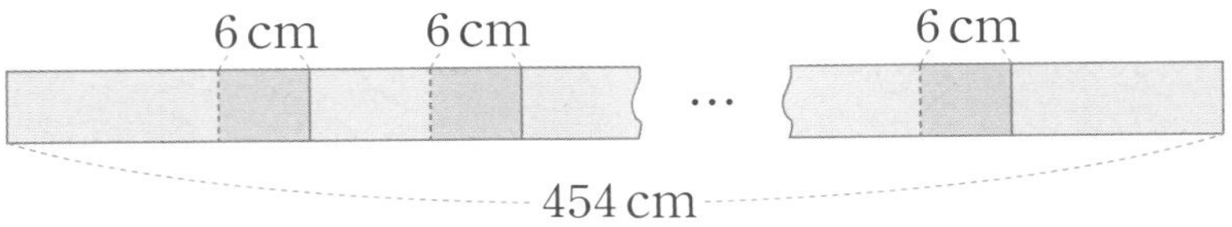

6 cm   6 cm   ···   6 cm

454 cm

풀이

답 _____

7-2 유사 문제

1 68에서 수영이가 생각한 수를 빼면 25가 됩니다. 51에 수영이가 생각한 수를 곱하면 얼마가 되나요?

풀이

답 _____

7-3 유사 문제

2 12에 어떤 수를 곱해야 할 것을 잘못하여 더했더니 20이 되었습니다. 바르게 계산한 값과 잘못 계산한 값의 곱은 얼마인가요?

풀이

답 _____

문해력 레벨 **3**

3 윤하가 어떤 수 ㉠에 5를 곱해야 할 것을 계산 과정에서 실수를 하여 ㉠의 백의 자리 숫자와 일의 자리 숫자를 서로 바꾼 수에 5를 더했더니 222가 되었습니다. 바르게 계산하면 얼마인가요?

풀이

답 _____

8-1 유사 문제

4 어느 분식집에서 어묵을 막대 한 개에 2장씩 55개에 꽂으려고 했더니 어묵 3장이 부족했습니다. 이 어묵을 막대 한 개에 3장씩 35개에 꽂으면 몇 장이 남을까요?

풀이

답 _____

8-1 유사 문제

5 동물원에서 도토리를 다람쥐 한 마리에게 8개씩 36마리에게 주면 도토리가 11개가 남습니다. 이 도토리를 다람쥐 한 마리에게 15개씩 21마리에게 주려고 할 때 부족한 도토리는 몇 개인지 구하세요.

풀이

답 _____

8-2 유사 문제

6 시현이네 학교 학생들이 강당에 모여 한 줄에 14명씩 30줄로 줄을 선 후, 남은 학생들이 한 줄에 12명씩 32줄로 줄을 서려고 했더니 8명이 부족했습니다. 시현이네 학교의 학생은 모두 몇 명인가요?

풀이

답 _____

· 정답과 해설 **29**쪽

기출 1 유사 문제

1 다음은 아라비아 숫자와 고대 로마 숫자를 나타낸 것입니다. 고대 로마 숫자로 만든 두 수의 곱은 얼마인가요? (단, XⅢ는 13을, XXX는 30을 나타냅니다.)

아라비아 숫자	1	2	3	4	5	6	7	8	9	10
로마 숫자	I	Ⅱ	Ⅲ	Ⅳ	V	Ⅵ	Ⅶ	Ⅷ	Ⅸ	X

XXⅣ   XⅥ

풀이

답 _____

기출 변형

2 위 **1**의 표를 보고 고대 로마 숫자로 만든 세 수의 곱은 얼마인지 구하세요.

Ⅷ   XI   XXXⅢ

풀이

답 _____

기출 2 유사 문제

3 |조건|을 모두 만족하는 어떤 수 중에서 가장 작은 수를 구하세요.

┤조건├
- 어떤 수는 500보다 큰 세 자리 수입니다.
- 어떤 수는 같은 자연수 2개의 합으로 나타낼 수 있습니다.
- 어떤 수는 같은 자연수 2개의 곱으로 나타낼 수 있습니다.

풀이

답 _____

기출 변형

4 |조건|을 모두 만족하는 어떤 수 중에서 가장 작은 수를 구하세요.

┤조건├
- 어떤 수는 네 자리 수입니다.
- 어떤 수는 15, 16과 같이 연속된 자연수 2개의 합으로 나타낼 수 있습니다.
- 어떤 수는 같은 자연수 2개의 곱으로 나타낼 수 있습니다.

풀이

답 _____

1-1 유사 문제

1 파란색 공 55개와 분홍색 공 78개를 색깔에 관계없이 7상자에 똑같이 나누어 담았습니다. 한 상자에 담은 공은 몇 개인가요?

풀이

답 _____

1-2 유사 문제

2 해진이는 종이로 하트 5개와 토끼 3개를 접는 데 1시간 44분이 걸렸습니다. 한 개를 접는 데 몇 분이 걸렸나요? (단, 하트와 토끼 한 개를 접는 데 걸리는 시간은 모두 같습니다.)

풀이

답 _____

1-3 유사 문제

3 연필이 8타와 4자루 있습니다. 이 연필을 학생 몇 명이 7자루씩 나누어 가졌더니 2자루가 남았습니다. 나누어 가진 학생은 몇 명인가요? (단, 연필 1타는 12자루입니다.)

풀이

답 _____

2-1 유사 문제

4 오른쪽과 같은 직사각형 모양의 종이가 있습니다. 이 종이의 긴 변을 9 cm씩, 짧은 변을 5 cm씩 잘라서 직사각형 모양의 명함을 만들려고 합니다. 만들 수 있는 명함은 모두 몇 장인가요?

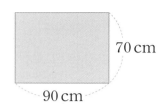

70 cm

90 cm

풀이

답 _____

2-2 유사 문제

5 긴 변이 50 m, 짧은 변이 24 m인 직사각형 모양의 철판이 있습니다. 이 철판의 긴 변을 4 m씩, 짧은 변을 2 m씩 잘라서 직사각형 모양의 철문을 만들려고 합니다. 철문을 몇 개까지 만들 수 있나요? (단, 자르고 남은 조각은 생각하지 않습니다.)

풀이

답 _____

2-3 유사 문제

6 한 변의 길이가 216 cm인 정사각형 모양의 나무판자가 있습니다. 이 나무판자를 오른쪽과 같이 모양과 크기가 같은 8개의 직사각형 모양으로 잘라 도마를 만들었습니다. 잘라 만든 도마 하나의 네 변의 길이의 합은 몇 cm인가요?

풀이

답 _____

3-1 유사 문제

1 어느 도넛 가게에서 유치원에 도넛을 8개씩 16상자 보냈습니다. 이 도넛을 다시 한 봉지에 3개씩 담아 유치원생에게 나누어 준다면 나누어 줄 수 있는 도넛은 몇 봉지인가요?

풀이

답 _____

3-2 유사 문제

2 귤을 24개씩 18상자 사서 한 봉지에 5개씩 담으려고 합니다. 귤을 남김없이 모두 담으려면 필요한 봉지는 적어도 몇 개인가요?

풀이

답 _____

3-3 유사 문제

3 ※노리개 매듭 한 개를 만드는 데 파란색 끈과 분홍색 끈이 각각 9 cm씩 필요합니다. 길이가 2 m인 파란색 끈과 길이가 1 m 95 cm인 분홍색 끈으로 노리개 매듭을 몇 개까지 만들 수 있나요?

풀이

문해력 어휘

노리개: 여자들이 꾸밀 때 한복 저고리의 고름이나 치마허리 등에 다는 물건

답 _____

4-1 유사 문제

4 나무를 일직선 도로의 한쪽에 처음부터 끝까지 3 m 간격으로 심었습니다. 도로의 길이가 84 m라면 심은 나무는 모두 몇 그루인가요? (단, 나무의 두께는 생각하지 않습니다.)

풀이

답 _____

4-2 유사 문제

5 길이가 112 m인 일직선 도로의 양쪽에 처음부터 끝까지 7 m 간격으로 깃발을 세우려고 합니다. 필요한 깃발은 모두 몇 개인가요? (단, 깃발의 두께는 생각하지 않습니다.)

풀이

답 _____

4-3 유사 문제

6 오른쪽과 같이 한 변이 18 m인 정사각형 모양의 목장이 있습니다. 이 목장의 네 변을 따라 3 m 간격으로 쇠막대를 꽂아 울타리를 치려고 합니다. 필요한 쇠막대는 모두 몇 개인가요? (단, 쇠막대의 두께는 생각하지 않습니다.)

풀이

답 _____

5-2 유사 문제

1 한 봉지에 15개씩 들어 있는 초콜릿을 14상자 샀습니다. 이 초콜릿을 9명에게 똑같이 나누어 주려고 합니다. 한 명에게 몇 개씩 줄 수 있고, 몇 개가 남는지 차례로 쓰세요.

풀이

답 ＿＿＿＿＿＿＿＿＿ , ＿＿＿＿＿＿＿＿＿

5-3 유사 문제

2 파란색 구슬 36개와 초록색 구슬 29개가 있습니다. 이 구슬을 색깔 구분 없이 4상자에 똑같이 나누어 담으려고 합니다. 남는 것 없이 담으려면 구슬은 적어도 몇 개 더 필요한가요?

풀이

답 ＿＿＿＿＿＿＿＿＿

문해력 레벨 **3**

3 공책이 120권 있습니다. 이 공책을 7개의 모둠에 남는 것 없이 똑같이 나누어 주려고 합니다. 공책을 3권씩 묶음으로만 판다면 적어도 몇 묶음 더 사야 하나요?

풀이

답 ＿＿＿＿＿＿＿＿＿

6-1 유사 문제

4 지우개를 한 상자에 8개씩 넣으면 남는 지우개가 없고, 5개씩 넣으면 3개가 남습니다. 지우개가 50개보다 많고 90개보다 적다면 지우개는 몇 개인가요?

풀이

답 _____

6-2 유사 문제

5 9로 나누어도 나누어떨어지고, 4로 나누어도 나누어떨어지는 수 중에서 가장 큰 두 자리 수를 구하세요.

풀이

답 _____

6-3 유사 문제

6 성냥개비로 탑을 쌓으려고 합니다. 탑을 쌓는 데 사용되는 성냥개비는 50개보다 많고 100개보다 적은 ●개입니다. ●가 7로 나누어떨어지는 수이고 십의 자리 수가 일의 자리 수보다 4만큼 더 큰 수라고 할 때 탑을 한 층에 4개씩 쌓는다면 몇 층이 되는지 구하세요.

풀이

답 _____

7-1 유사 문제

1 털실을 8 cm씩 잘랐더니 26도막이 되고 2 cm가 남았습니다. 같은 길이의 털실을 6 cm씩 자르면 몇 도막이 되나요?

풀이

답 _____

7-2 유사 문제

2 어떤 수를 5로 나누었더니 몫이 13이고 나머지가 2가 되었습니다. 어떤 수를 3으로 나누었을 때의 몫과 나머지를 각각 구하세요.

풀이

답 몫: _____ , 나머지: _____

7-3 유사 문제

3 어떤 수를 3으로 나누어야 할 것을 잘못하여 8로 나누었더니 몫이 113이고 나머지는 가장 큰 자연수가 되었습니다. 바르게 계산했을 때의 몫과 나머지를 각각 구하세요.

풀이

답 몫: _____ , 나머지: _____

8-2 유사 문제

4 길이가 72 cm인 색 테이프를 두 도막으로 잘랐습니다. 긴 도막의 길이가 짧은 도막의 길이의 2배였다면 짧은 도막과 긴 도막의 길이는 각각 몇 cm인가요?

풀이

답 짧은 도막: _____, 긴 도막: _____

8-3 유사 문제

5 길이가 96 cm인 끈을 겹치지 않게 모두 사용하여 직사각형 모양을 만들었습니다. 짧은 변의 길이가 긴 변의 길이의 반일 때 긴 변의 길이는 몇 cm인가요?

풀이

답 _____

문해력 레벨 **3**

6 길이가 180 cm인 철사를 두 도막으로 잘랐습니다. 그중 긴 도막을 겹치지 않게 모두 사용하여 세 변의 길이가 같은 삼각형 모양을 한 개 만들었습니다. 긴 도막의 길이가 짧은 도막의 길이의 4배였다면 삼각형의 한 변의 길이는 몇 cm인지 구하세요.

풀이

답 _____

기출1 유사 문제

1 어떤 수 ■를 5로 나눈 나머지를 〈■〉라고 약속합니다. 예를 들어 29를 5로 나눈 나머지는 4이므로 〈29〉＝4입니다. 다음 식의 값은 얼마인지 구하세요.

$$\langle 72 \rangle + \langle 73 \rangle + \langle 74 \rangle + \cdots + \langle 203 \rangle + \langle 204 \rangle + \langle 205 \rangle$$

풀이

답 _____

기출 변형

2 어떤 수 ■를 6으로 나눈 나머지를 〈■〉라고 약속합니다. 예를 들어 29를 6으로 나눈 나머지는 5이므로 〈29〉＝5입니다. 다음 식의 값은 얼마인지 구하세요.

$$\langle 100 \rangle + \langle 102 \rangle + \langle 104 \rangle + \cdots + \langle 194 \rangle + \langle 196 \rangle + \langle 198 \rangle$$

풀이

답 _____

본책 **57쪽**의 유사 문제

기출 2 유사 문제

3 ■는 80보다 큰 두 자리 수입니다. 다음을 모두 만족하는 ■의 값을 구하세요.

> · ■÷6＝▲…5
> · ■÷4＝◆…1

풀이

답 _____

기출 변형

4 ■는 50보다 작은 두 자리 수입니다. 다음을 모두 만족하는 ■의 값을 구하세요.

> · ■÷7＝▲…5
> · ■÷5＝◆…3

풀이

답 _____

1-1 유사 문제

1 예준이는 6월 한 달의 $\frac{1}{3}$은 수영 학원을 갔고, 6월 한 달의 $\frac{1}{5}$은 태권도 학원을 갔습니다. 예준이가 수영과 태권도 학원을 간 날은 모두 며칠인가요? (단, 두 학원을 같은 날에 가지 않습니다.)

풀이

답 _____

1-2 유사 문제

2 지우는 32개가 들어 있는 소시지 한 봉지를 사서 $\frac{3}{8}$만큼 먹었고, 동재는 28개가 들어 있는 소시지 한 봉지를 사서 $\frac{4}{7}$만큼 먹었습니다. 누가 먹은 소시지가 몇 개 더 적은지 차례로 쓰세요.

풀이

답 _____ , _____

1-3 유사 문제

3 어느 중국 음식점에서 하루 동안 팔린 음식의 수를 나타낸 표입니다. 우동의 수는 볶음밥의 수의 $\frac{1}{2}$이고, 볶음밥의 수는 자장면의 수의 $\frac{4}{9}$입니다. 짬뽕은 우동보다 몇 그릇 더 많이 팔렸나요?

종류	자장면	짬뽕	우동	볶음밥
음식의 수(그릇)	36	20		

풀이

답 _____

2-1 유사 문제

4 다슬이 삼촌이 주황색 페인트 9 L와 검정색 페인트 6 L를 섞어 갈색 페인트를 만들었습니다. 의자를 칠하는 데 만든 갈색 페인트의 $\frac{2}{3}$를 사용했다면 남은 갈색 페인트는 몇 L인가요?

풀이

답 _____

2-3 유사 문제

5 공원에 나무가 56그루 있습니다. 소나무는 전체의 $\frac{2}{7}$이고, 단풍나무는 소나무를 뺀 나무의 $\frac{3}{5}$ 입니다. 소나무와 단풍나무를 뺀 나머지가 모두 벚나무일 때 벚나무는 몇 그루인가요?

풀이

답 _____

문해력 레벨 **3**

6 오른쪽은 음식별로 100 g에 들어 있는 탄수화물의 양을 그림그래프로 나타낸 것입니다. 바나나의 탄수화물 양은 감자튀김의 탄수화물 양의 $\frac{7}{8}$이고, 4가지 음식 100 g에 각각 들어 있는 탄수화물 양의 합은 120 g입니다. 탄수화물이 가장 적은 음식은 무엇인가요?

음식별 탄수화물의 양

음식	탄수화물의 양
호박죽	
바나나	
감자튀김	⬤⬤⬤○○○○○
와플	⬤⬤⬤⬤⬤⬤○○

⬤10 g ○1 g

풀이

답 _____

3-1 유사 문제

1 분자와 분모의 합이 9이고 차가 5인 진분수가 있습니다. 이 진분수를 구하세요.

풀이

답 _____

3-1 유사 문제

2 분자와 분모의 합이 15이고 차가 7인 가분수가 있습니다. 이 가분수를 대분수로 나타내 보세요.

풀이

답 _____

3-2 유사 문제

3 3보다 크고 4보다 작은 대분수 중에서 분자와 분모의 합이 14이고 차가 4인 대분수를 구하세요.

풀이

답 _____

4-1 유사 문제

4 어느 식당에서 소금을 가득 담은 통의 무게를 저울로 재었더니 45 kg이었고, 소금을 $\frac{1}{6}$만큼 사용한 다음 무게를 재었더니 38 kg이었습니다. 빈 통의 무게는 몇 kg인가요?

풀이

답 _____

4-2 유사 문제

5 어떤 수의 $\frac{4}{9}$는 24입니다. 어떤 수의 $\frac{5}{6}$는 얼마인가요?

풀이

답 _____

문해력 레벨 **3**

6 어느 아파트 관리사무소에서 소화기를 구입하여 그중 27대를 1동에 놓고, 남은 소화기의 $\frac{4}{7}$만큼을 2동에 놓았더니 21대의 소화기가 남았습니다. 관리사무소에서 구입한 소화기는 몇 대인가요?

풀이

답 _____

5-2 유사 문제

1 1번째에 지름이 6 cm인 원을 그린 후 그림과 같이 규칙에 따라 원을 그리고 있습니다. 5번째 그림에서 가장 큰 원의 반지름은 몇 cm인가요?

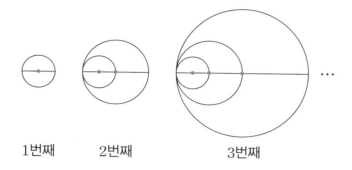

1번째   2번째   3번째

풀이

답 _____

문해력 레벨 **2**

2 오른쪽 그림과 같이 지름이 선분 ㄱㄴ인 큰 원 안에 규칙에 따라 중심이 선분 ㄱㄴ 위에 놓이도록 작은 원을 맞닿게 그리고 있습니다. 5개의 작은 원을 그렸더니 큰 원 안에 딱 맞게 그려졌을 때, 큰 원의 반지름은 몇 cm인가요?

풀이

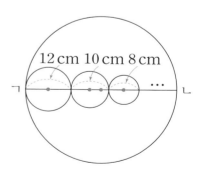

답 _____

6-2 유사 문제

3 지름이 10 cm인 원 여러 개를 서로 원의 중심이 지나도록 겹쳐서 한 줄로 그렸습니다. 선분 ㄱㄴ의 길이가 70 cm일 때, 그린 원은 모두 몇 개인가요?

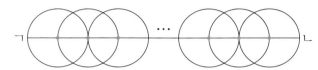

풀이

답 _____

6-3 유사 문제

4 오른쪽은 큰 원 안에 크기가 같은 작은 원 9개를 서로 원의 중심이 지나도록 겹쳐서 한 줄로 그린 것입니다. 큰 원의 지름이 60 cm일 때, 작은 원의 지름은 몇 cm인가요?

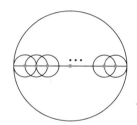

풀이

답 _____

문해력 레벨 3

5 크기가 같고 폭이 일정한 원 모양의 고리 4개를 엮어서 그림과 같이 연결했습니다. 고리 안쪽의 반지름이 5 cm일 때, 선분 ㄱㄴ의 길이는 몇 cm인가요?

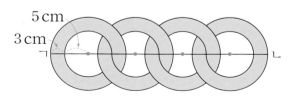

풀이

답 _____

7-1 유사 문제

1 오른쪽은 크기가 같은 2개의 원을 맞닿게 그리고, 작은 원 1개를 그린 후 세 원의 중심을 선분으로 이어 삼각형 ㄱㄴㄷ을 만든 것입니다. 삼각형 ㄱㄴㄷ의 세 변의 길이의 합은 몇 cm인가요?

풀이

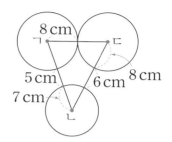

답 _____

7-2 유사 문제

2 오른쪽은 반지름이 12 mm인 100원짜리 동전 3개와 반지름이 9 mm인 10원짜리 동전 2개를 맞닿게 놓은 것입니다. 5개의 동전의 중심을 선분으로 이어 그린 도형의 모든 변의 길이의 합은 몇 mm인가요?

풀이

답 _____

문해력 레벨 **3**

3 오른쪽은 가장 큰 원과 중간 크기의 원을 맞닿게 그리고, 가장 작은 원을 가장 큰 원과 맞닿게 그린 후 세 원의 중심을 선분으로 이어 삼각형 ㄱㄴㄷ을 만든 것입니다. 삼각형 ㄱㄴㄷ의 세 변의 길이의 합이 83 cm일 때, 세 원의 반지름의 합은 몇 cm인가요?

풀이

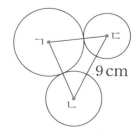

답 _____

8-1 유사 문제

4 오른쪽은 직사각형 모양 상자 안에 원 모양 도넛 6개를 맞닿게 담은 것입니다. 도넛 바깥쪽 반지름이 4 cm일 때 직사각형 모양 상자의 네 변의 길이의 합은 몇 cm인가요? (단, 상자의 두 께는 생각하지 않습니다.)

4 cm

풀이

답 _____

8-2 유사 문제

5 오른쪽은 글자 ㄷ 모양의 초록색 도형 안에 반지름이 7 cm인 원 7개를 맞 닿게 그린 것입니다. 초록색 도형의 모든 변의 길이의 합은 몇 cm인가요? (단, 초록색 도형의 변은 모두 직각으로 만납니다.)

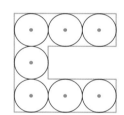

풀이

답 _____

8-3 유사 문제

6 직사각형 안에 지름이 12 cm인 원 8개를 그림과 같이 서로 중심이 지나거나 맞닿게 그렸습니다. 직사각형의 네 변의 길이의 합은 몇 cm인가요?

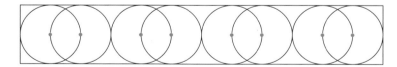

풀이

답 _____

기출1 유사 문제

1 다음과 같은 규칙으로 $1\frac{1}{3}$부터 대분수를 늘어놓고 있습니다. 35번째에 놓일 대분수를 가분수로 나타내 보세요.

$$1\frac{1}{3},\ 1\frac{2}{3},\ 2\frac{1}{3},\ 2\frac{2}{3},\ 3\frac{1}{3},\ 3\frac{2}{3},\ 4\frac{1}{3},\ \dots$$

풀이

답 _____

기출 변형

2 다음과 같은 규칙으로 $1\frac{1}{6}$부터 대분수를 늘어놓고 있습니다. 30번째에 놓일 대분수와 47번째 놓일 대분수를 각각 구하세요.

$$1\frac{1}{6},\ 1\frac{2}{6},\ 1\frac{3}{6},\ 1\frac{4}{6},\ 1\frac{5}{6},\ 2\frac{1}{6},\ 2\frac{2}{6},\ 2\frac{3}{6},\ 2\frac{4}{6}\ 2\frac{5}{6},\ 3\frac{1}{6},\ \dots$$

풀이

답 30번째: _____ , 47번째: _____

기출 2 유사 문제

3 오른쪽 그림에서 직사각형 ㄱㄴㄷㄹ의 네 변의 길이의 합은 64 cm입니다. 점 ㄴ과 점 ㄷ을 중심으로 하는 원의 일부분을 각각 그리고, 점 ㄹ을 중심으로 하는 원을 그렸습니다. 점 ㄹ을 중심으로 하는 원의 지름은 몇 cm인가요?

풀이

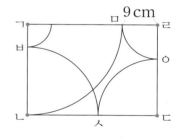

답 _____

기출 변형

4 직사각형 ㄱㄴㄷㄹ의 세로는 24 cm입니다. 점 ㄱ을 중심으로 하는 작은 원의 일부분을 그리고, 점 ㄴ, 점 ㄷ, 점 ㄹ을 중심으로 하는 원의 일부분을 각각 그린 후, 다시 점 ㄱ을 중심으로 하는 큰 원의 일부분을 그렸습니다. 점 ㄱ을 중심으로 하는 작은 원의 반지름은 몇 cm인가요?

풀이

답 _____

1-2 유사 문제

1 은혁이네 집 냉장고에는 한 병에 2 L 100 mL씩 들어 있는 주스가 2병 있었습니다. 그중 1500 mL를 마셨다면 남은 주스는 몇 L 몇 mL인가요?

풀이

답 _____

1-3 유사 문제

2 훈재와 동현이가 산 음료의 양입니다. 누가 산 음료가 몇 mL 더 적은지 차례로 쓰세요.

	훈재	동현
탄산음료	1400 mL	500 mL
유산균음료	720 mL	1 L 800 mL

풀이

답 _____ , _____

문해력 레벨 **3**

3 아린이가 옛날에 사용하던 들이의 단위를 이용하여 말한 것입니다. 한 되는 1 L 800 mL, 한 말은 18 L라고 할 때 뻥튀기 2말은 쌀 2되보다 몇 L 몇 mL 더 많은지 구하세요.

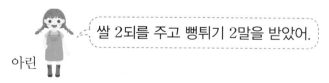

아린   쌀 2되를 주고 뻥튀기 2말을 받았어.

풀이

답 _____

2-1 유사 문제

4 물이 1초에 560 mL씩 일정하게 나오는 수도를 틀어 들이가 7 L인 빈 어항에 물을 받고 있습니다. 이 어항의 바닥에 금이 가서 1초에 150 mL씩 일정하게 물이 샌다면 6초 동안 어항에 받아진 물은 몇 L 몇 mL인가요?

풀이

답 _____

2-3 유사 문제

5 물이 2분에 10 L 400 mL씩 일정하게 나오는 수도를 틀어 80 L들이의 빈 욕조에 물을 받으려고 합니다. 이 욕조의 배수구 마개에 구멍이 나서 1분에 200 mL씩 일정하게 물이 샌다면 욕조에 물을 가득 채우는 데 적어도 몇 분이 걸리나요? (단, 욕조의 물은 넘치지 않습니다.)

풀이

답 _____

문해력 레벨 3

6 물이 20초에 5 L씩 일정하게 나오는 수도를 틀어 빈 미니 수영장에 물을 받고 있는데 바닥에 구멍이 나서 1분에 6 L씩 일정하게 물이 빠져나갔습니다. 수도를 틀기 시작해서 15분 후까지 이 수영장에서 흘러 넘친 물이 20 L라면 수영장의 들이는 몇 L인가요? (단, 흘러 넘친 물에는 구멍으로 빠져나간 물이 포함되지 않습니다.)

풀이

답 _____

3-1 유사 문제

1 승연이가 강아지를 안고 체중계에 올라가 몸무게를 재었더니 35 kg 300 g이었습니다. 강아지의 몸무게가 2 kg 700 g일 때 승연이는 강아지보다 몇 kg 몇 g 더 무거운가요?

풀이

답 _____

3-3 유사 문제

2 아버지가 수박을 들고 몸무게를 재면 80 kg 300 g입니다. 수박과 멜론의 무게의 합이 7 kg 900 g이고, 아버지가 이 수박과 멜론을 한꺼번에 들고 잰 몸무게가 82 kg 400 g이라면 수박의 무게는 몇 kg 몇 g인가요?

풀이

답 _____

문해력 레벨 3

3 다음을 보고 시우와 희재의 몸무게의 합은 몇 kg 몇 g인지 구하세요.

> • 승하의 몸무게는 42 kg 300 g입니다.
> • 승하는 시우보다 2 kg 100 g 더 무겁습니다.
> • 희재는 승하보다 1 kg 600 g 더 가볍습니다.

풀이

답 _____

4-1 유사 문제

4 무게가 같은 책 4권이 꽂힌 책꽂이의 무게는 7 kg 400 g입니다. 이 책꽂이에서 책 2권을 빼내고 무게를 재었더니 4 kg 900 g이 되었습니다. 빈 책꽂이의 무게는 몇 kg 몇 g인가요?

풀이

답 _____

4-2 유사 문제

5 무게가 같은 토마토 9개가 담겨 있는 바구니의 무게를 잰 다음, 이 바구니에 무게가 같은 토마토 1개를 더 담았더니 무게가 다음과 같았습니다. 빈 바구니의 무게는 몇 g인가요?

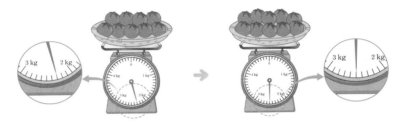

풀이

답 _____

4-3 유사 문제

6 빈 상자에 무게가 같은 인형 5개를 담아 무게를 재었더니 2 kg 100 g이었습니다. 이 상자에 똑같은 인형 3개를 더 담았더니 무게가 3 kg 60 g이 되었습니다. 인형 9개를 담은 상자의 무게는 몇 kg 몇 g인가요?

풀이

답 _____

5-1 유사 문제

1 어느 식당에서 맛간장 2 L가 들어 있는 통에 3 L 200 mL의 맛간장을 더 부어 놓았습니다. 그중 일부를 사용했더니 1 L 900 mL가 남았습니다. 사용한 맛간장은 몇 L 몇 mL인가요?

풀이

답 _____

5-2 유사 문제

2 어느 행사장에서 포도 주스 7 L 500 mL와 사과 주스 5 L를 준비하여 방문객에게 나누어 주었습니다. 행사를 마친 후 포도 주스 2 L 300 mL와 사과 주스 600 mL가 남았습니다. 포도 주스와 사과 주스 중 방문객에게 나누어 준 양이 더 많은 것은 무엇인가요?

풀이

답 _____

문해력 레벨 **3**

3 어느 자동차의 빈 연료 통에 연료 30 L를 넣은 후 200 km를 달렸더니 연료가 15 L 800 mL 남았습니다. 이 자동차가 100 km를 더 달린다면 남는 연료는 몇 L 몇 mL인가요? (단, 달린 거리에 따라 사용하는 연료의 양은 일정합니다.)

풀이

답 _____

6-1 유사 문제

4 우유 3컵과 주스 1컵의 들이의 합은 1 L 40 mL이고, 우유 6컵과 주스 5컵의 들이의 합은 3 L 40 mL입니다. 주스 1컵의 들이는 몇 mL인가요? (단, 우유의 들이, 주스의 들이는 각각 같습니다.)

풀이

답 _____

6-2 유사 문제

5 밥그릇 2개와 국그릇 5개의 무게를 재었더니 2 kg 800 g이었고, 밥그릇 4개와 국그릇 1개의 무게를 재었더니 1 kg 820 g이었습니다. 밥그릇 5개와 국그릇 5개의 무게의 합은 몇 kg 몇 g 인가요?

2kg 800g

1kg 820g

풀이

답 _____

7-1 유사 문제

1 전체 무게가 4 t보다 무거운 자동차는 지나갈 수 없는 다리가 있습니다. 무게가 2 t인 빈 트럭에 20 kg짜리 사과 상자를 80개 실었습니다. 이 트럭이 다리를 지나가려면 몇 kg까지 더 실을 수 있나요?

풀이

답 _____

7-1 유사 문제

2 들이가 15 L인 빈 수족관이 있습니다. 이 수족관에 물이 1초에 500 mL씩 나오는 가 수도로 9초 동안 물을 받고, 1초에 850 mL씩 나오는 나 수도로 7초 동안 물을 받았습니다. 수족관에 물을 가득 채우려면 더 받아야 하는 물은 몇 L 몇 mL인가요?

풀이

답 _____

문해력 레벨 2

3 어느 승강기에 실을 수 있는 최대 무게는 1 t입니다. 10층에서 빈 승강기에 몸무게가 80 kg인 사람 6명이 타고, 20 kg짜리 물건 12개를 실은 후 아래로 내려가다가 1층에서 승강기에 타고 있던 사람 2명이 물건 5개를 가지고 내렸습니다. 지금 이 승강기에 몇 kg까지 더 실을 수 있나요?

풀이

답 _____

본책 115쪽의 유사 문제

8-1 유사 문제

4 복숭아, 참외, 단호박의 무게가 그림과 같고, 복숭아 1개의 무게는 320 g입니다. 복숭아의 무게, 참외의 무게가 각각 같을 때, 단호박 1개의 무게는 몇 g인지 구하세요.

복숭아 3개 참외 4개

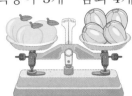

참외 3개 단호박 1개

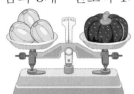

풀이

답 _____

8-2 유사 문제

5 필통 1개의 무게는 풀 4개의 무게와 같고, 풀 7개의 무게는 가위 5개의 무게와 같습니다. 필통 1개의 무게가 500 g일 때, 가위 1개의 무게는 몇 g인가요? (단, 풀의 무게, 가위의 무게는 각각 같습니다.)

풀이

답 _____

8-3 유사 문제

6 가지와 당근의 무게가 오른쪽과 같고, 가지 1개와 당근 3개의 무게의 합은 980 g입니다. 당근 1개의 무게는 몇 g인가요? (단, 가지의 무게, 당근의 무게는 각각 같습니다.)

가지 2개   당근 1개

풀이

답 _____

기출 1 유사 문제

1 지후와 준승이의 몸무게의 합은 82 kg 300 g이고, 준승이는 지후보다 9500 g 더 무겁다고 합니다. 지후와 준승이의 몸무게는 각각 몇 kg 몇 g인가요?

풀이

답 지후: _____, 준승: _____

기출 변형

2 지호네 집에서 토끼와 강아지를 한 마리씩 기릅니다. 이 토끼와 강아지를 한꺼번에 저울에 올려 놓고 몸무게를 재어 보니 8 kg 200 g이었습니다. 토끼와 강아지의 몸무게의 차가 1400 g이고, 강아지가 토끼보다 더 가볍습니다. 토끼와 강아지의 몸무게는 각각 몇 kg 몇 g인가요?

풀이

답 토끼: _____, 강아지: _____

기출 2 유사 문제

3 40 L들이 통이 4개 있습니다. ㉮, ㉯, ㉰, ㉱의 각 그릇에 물을 가득 채워 빈 통에 그림과 같은 횟수만큼 물을 부었을 때 각각의 통에 물이 넘치지 않고 가득 찹니다. ㉮, ㉯, ㉰, ㉱ 그릇 중 들이가 가장 많은 그릇과 가장 적은 그릇의 들이의 차는 몇 L인가요?

㉮로 5번   ㉯로 2번   ㉰로 8번   ㉱로 4번

풀이

답 _____

기출 변형

4 들이가 서로 다른 ㉮, ㉯, ㉰ 통에 물을 가득 담아 다음과 같이 수조에 붓거나 덜어 내었습니다. ㉮, ㉯, ㉰ 통 중 들이가 가장 많은 통과 가장 적은 통의 들이의 차는 몇 L인가요?

㉮ 통으로 물을 5번 부었더니 20 L들이의 빈 수조가 넘치지 않고 가득 찼어.

45 L들이의 빈 수조에 ㉯ 통으로 물을 9번 부었더니 넘치지 않고 가득 찼어.

물 24 L가 들어 있던 수조에서 ㉰ 통으로 물을 8번 덜어 냈더니 빈 수조가 되었어.

풀이

답 _____

독해가 힘이다를 더! 완벽하게 만들어주는

보충 자료를 받아보시겠습니까?

YES	NO

뭘 좋아할지 몰라 다 준비했어♥
전과목 교재

전과목 시리즈 교재

●무등생 해법시리즈

– 국어/수학	1~6학년, 학기용
– 사회/과학	3~6학년, 학기용
– 봄·여름/가을·겨울	1~2학년, 학기용
– SET(전과목/국수, 국사과)	1~6학년, 학기용

●똑똑한 하루 시리즈

– 똑똑한 하루 독해	예비초~6학년, 총 14권
– 똑똑한 하루 글쓰기	예비초~6학년, 총 14권
– 똑똑한 하루 어휘	예비초~6학년, 총 14권
– 똑똑한 하루 한자	예비초~6학년, 총 14권
– 똑똑한 하루 수학	1~6학년, 학기용
– 똑똑한 하루 계산	예비초~6학년, 총 14권
– 똑똑한 하루 도형	예비초~6학년, 총 8권
– 똑똑한 하루 사고력	1~6학년, 학기용
– 똑똑한 하루 사회/과학	3~6학년, 학기용
– 똑똑한 하루 봄/여름/가을/겨울	1~2학년, 총 8권
– 똑똑한 하루 안전	1~2학년, 총 2권
– 똑똑한 하루 Voca	3~6학년, 학기용
– 똑똑한 하루 Reading	초3~초6, 학기용
– 똑똑한 하루 Grammar	초3~초6, 학기용
– 똑똑한 하루 Phonics	예비초~초등, 총 8권

●독해가 힘이다 시리즈

– 초등 문해력 독해가 힘이다 비문학편	3~6학년
– 초등 수학도 독해가 힘이다	1~6학년, 학기용
– 초등 문해력 독해가 힘이다 문장제수학편	1~6학년, 총 12권

영어 교재

●초등영어 교과서 시리즈

파닉스(1~4단계)	3~6학년, 학년용
영단어(1~4단계)	3~6학년, 학년용
●LOOK BOOK 영단어	3~6학년, 단행본
●원서 읽는 LOOK BOOK 영단어	3~6학년, 단행본

국가수준 시험 대비 교재

●해법 기초학력 진단평가 문제집	2~6학년·중1 신입생, 총 6권

정답과 해설

3-B 문장제 수학편

천재교육

정답과 해설
포인트 3가지

▶ 혼자서도 이해할 수 있는 친절한 문제 풀이

▶ 문제 해결에 꼭 필요한 핵심 전략 제시

▶ 참고, 주의, 다르게 풀기 등 자세한 풀이 제시

1주 곱셈

1 903 » 903 / 903

2
	1	7	2
×			3
	5	1	6

» 172×3=516 / 516쪽

3
	5	1	6
×			5
2	5	8	0

» 516×5=2580 / 2580명

4
		5	0
×		7	0
3	5	0	0

» 50×70=3500 / 3500원

5
			8
×		2	4
		3	2
	1	6	
	1	9	2

» 8×24=192 / 192송이

6
		3	6
×		5	7
	2	5	2
1	8	0	
2	0	5	2

» 36×57=2052 / 2052회

2 (지유가 읽은 역사 만화책의 전체 쪽수)
=(역사 만화책 한 권의 쪽수)×(읽은 역사 만화책의 수)
=172×3=516(쪽)

3 (하루에 탈 수 있는 승객 수)
=(한 번에 탈 수 있는 승객 수)×(하루 운행 횟수)
=516×5=2580(명)

5 (사용한 전체 튤립의 수)
=(꽃다발 한 묶음의 튤립의 수)×(꽃다발의 수)
=8×24=192(송이)

6 (라운이가 한 윗몸 말아 올리기의 전체 횟수)
=(하루에 하는 윗몸 말아 올리기 횟수)×(날수)
=36×57=2052(회)

1 400×6=2400 / 2400 m
2 211×7=1477 / 1477포기
3 365×3=1095 / 1095일
4 60×20=1200 / 1200분
5 27×30=810 / 810개
6 8×32=256 / 256명
7 28×41=1148 / 1148개

1 (트랙 한 바퀴의 거리)×(바퀴 수)
=400×6=2400 (m)

2 (트럭에 실은 전체 배추의 수)
=(트럭 한 대에 실은 배추의 수)×(트럭의 수)
=211×7=1477(포기)

3 (1년의 날수)×3
=365×3=1095(일)

4 (긴바늘이 시계를 도는 데 걸리는 전체 시간)
=(긴바늘이 한 바퀴 도는 데 걸리는 시간)
×(긴바늘이 도는 바퀴 수)
=60×20=1200(분)

5 (민후가 딴 전체 딸기의 수)
=(한 상자에 담은 딸기의 수)×(상자의 수)
=27×30=810(개)

6 (예선 경기를 한 전체 선수의 수)
=(한 모둠의 선수의 수)×(모둠의 수)
=8×32=256(명)

7 (공연장에 놓은 전체 의자의 수)
=(한 줄에 놓은 의자의 수)×(줄의 수)
=28×41=1148(개)

20 m씩 15바퀴
20개씩 15묶음
20개씩 15상자
20명씩 15모둠
20개씩 15줄

➜ 곱셈식 20×15로 나타낼 수 있어.

정답과 해설

문해력 문제 1

전략 ×

풀이 ❶ 3

❷ 25, 73

❸ ×, 73, 219

답 219개

1-1 180벌

1-2 630분

1-3 16자루

1-1 전략
> 필요한 전체 티셔츠의 수를 구하려면
> 한 팀에 나누어 줄 티셔츠의 수에 전체 팀의 수를 곱하자.

❶ (한 팀에 나누어 줄 티셔츠의 수)=5벌
❷ 샛별, 하늘, 소라 초등학교의 팀의 수를 더하여 전체 팀의 수 구하기
   (전체 팀의 수)=12+9+15=36(팀)
❸ (필요한 전체 티셔츠의 수)
   =5×36=180(벌)

1-2 ❶ 화, 목, 토요일의 날수를 더하여 수영을 한 날수 구하기
   (수영을 한 날수)=5+5+4=14(일)
❷ (수영을 한 전체 시간)=45×14=630(분)

다르게 풀기
❶ (화요일에 수영을 한 시간)=45×5=225(분)
   (목요일에 수영을 한 시간)=45×5=225(분)
   (토요일에 수영을 한 시간)=45×4=180(분)
❷ (수영을 한 전체 시간)
   =225+225+180=630(분)

참고
> 다르게 풀기 와 같이 풀어도 되지만 곱셈을 여러 번 해야 해서 계산이 복잡해지므로 먼저 수영을 한 날수를 구한 후 전체 시간을 구하는 것이 계산이 더 간편하다.

1-3 ❶ (3학년 전체 학생 수)
   =25+27+24+28=104(명)
❷ (나누어 줄 전체 연필의 수)
   =4×104=416(자루)
❸ (더 필요한 연필의 수)=416-400=16(자루)

문해력 문제 2

전략 6

풀이 ❶ 185, 1110

❷ 3200

❸ 1110, 3200, 4310

답 4310원

2-1 1873 g

2-2 6710원

문해력 문제 2
❶ (6위안을 우리나라 돈으로 바꾼 금액)
   =185×6=1110(원)
❷ (저금통에 모은 돈)
   =50×64=3200(원)
❸ (은행에 저금한 돈)
   =1110+3200=4310(원)

2-1 ❶ (라면 12그릇에 들어 있는 탄수화물의 양)
   =77×12=924 (g)
❷ (김밥 13줄에 들어 있는 탄수화물의 양)
   =73×13=949 (g)
❸ 위 ❶과 ❷에서 구한 탄수화물 양의 합 구하기
   (먹은 음식에 들어 있는 전체 탄수화물의 양)
   =924+949=1873 (g)

2-2 ❶ 색연필 한 자루의 이익을 구하여 5자루를 팔았을 때 이익 구하기
   (색연필 한 자루를 팔았을 때 이익)
   =800-410=390(원)
   (색연필 5자루를 팔았을 때 이익)
   =390×5=1950(원)
❷ 수첩 한 권의 이익을 구하여 7권을 팔았을 때 이익 구하기
   (수첩 한 권을 팔았을 때 이익)
   =1400-720=680(원)
   (수첩 7권을 팔았을 때 이익)
   =680×7=4760(원)
❸ (색연필 5자루와 수첩 7권을 팔았을 때의 이익)
   =1950+4760=6710(원)

참고
> (물건을 팔았을 때의 이익)=(사 온 금액)-(판 금액)

문해력 문제 **3**

전략 ×

풀이 ❶ 35, 35

❷ 70, 35, 2450

답 2450원

3-1 2300개　　3-2 3612 g　　3-3 980개

3-1 ❶ (7월, 8월, 9월의 전체 날수)
   $= 31 + 31 + 30 = 92$(일)

❷ (외우는 전체 영어 단어의 수)
   $= 25 \times 92 = 2300$(개)

참고

월별 날수

1월	2월	3월	4월	5월	6월
31일	28일 (29일)	31일	30일	31일	30일
7월	8월	9월	10월	11월	12월
31일	31일	30일	31일	30일	31일

3-2 ❶ (강아지와 고양이의 하루 사료 양의 합)
   $= 35 + 51 = 86$ (g)

❷ (6주일의 날수) $= 7 \times 6 = 42$(일)

❸ 강아지와 고양이가 먹는 전체 사료의 양 구하기
   (전체 사료의 양) $= 86 \times 42 = 3612$ (g)

3-3 ❶ 1시간은 6분의 몇 배인지 구하기
   1시간 $=60$분이므로
   1시간은 6분의 10배이다.

❷ (기계 한 대가 1시간 동안 만드는 장난감의 수)
   $= 14 \times 10 = 140$(개)

❸ (기계 7대가 1시간 동안 만드는 장난감의 수)
   $= 140 \times 7 = 980$(개)

다르게 풀기

❶ (기계 7대가 6분 동안 만드는 장난감의 수)
   $= 14 \times 7 = 98$(개)

❷ 1시간 $=60$분이므로
   1시간은 6분의 10배이다.

❸ (기계 7대가 1시간 동안 만드는 장난감의 수)
   $= 98 \times 10 = 980$(개)

문해력 문제 **4**

전략 <, 은서

풀이 ❶

은서가 좋아하는 수	29	28	27
윤비가 좋아하는 수	31	32	33
두 수의 곱	899	896	891

❷ 27, 33

답 27, 33

4-1 13살, 44살

4-2 105개, 104개

4-1 ❶ 도진이의 나이가 어머니의 나이보다 적으면서 합이 57살이 되도록 표를 만들어 두 나이의 곱 구하기

도진이의 나이(살)	10	11	12	13
어머니의 나이(살)	47	46	45	44
두 나이의 곱	(470)	506	540	572

→ 곱이 572로 커져야 하므로
나이의 차가 작아지도록
두 나이를 다시 예상해 본다.

❷ 도진이의 나이는 13살이고,
   어머니의 나이는 44살이다.

4-2 ❶ 사탕 봉지 수가 초코바 봉지 수보다 많으면서 합이 34봉지가 되도록 표를 만들어 두 봉지 수의 곱 구하기

사탕 봉지 수(봉지)	18	19	20	21
초코바 봉지 수(봉지)	16	15	14	13
두 봉지 수의 곱	(288)	285	280	273

→ 곱이 273으로 작아져야 하므로
봉지 수의 차가 커지도록
두 봉지 수를 다시 예상해 본다.

❷ 재영이가 산 사탕은 21봉지이고,
   초코바는 13봉지이다.

❸ (사탕의 수) $= 5 \times 21 = 105$(개)
   (초코바의 수) $= 8 \times 13 = 104$(개)

문해력 문제 5

전략 ─

풀기 ❶ 15, 270

❷ 270, ─, 258

답 258 m

5-1 970 m

5-2 29 m

5-3 3175 m

5-1 전략

터널의 길이를 구하려면 기차가 터널을 완전히 통과하는 데 달린 거리에서 기차의 길이를 빼자.

❶ (기차가 터널을 완전히 통과하는 데 달린 거리)
$=20 \times 55 = 1100$ (m)

❷ (터널의 길이)
$=1100 - 130 = 970$ (m)

5-2 ❶ (경전철이 다리를 완전히 건너는 데 달린 거리)
$=16 \times 75 = 1200$ (m)

❷ (경전철의 길이)
$=1200 - 1171 = 29$ (m)

5-3 ❶ 고속열차 A가 터널을 완전히 통과하는 데 달린 거리 구하기
40초는 5초의 8배이므로
(고속열차 A가 터널을 완전히 통과하는 데 달린 거리)$=400 \times 8 = 3200$ (m)

❷ (터널의 길이)$=3200 - 140 = 3060$ (m)

❸ 고속열차 B가 터널을 완전히 통과할 때까지 달려야 하는 거리 구하기
(고속열차 B가 터널을 완전히 통과할 때까지 달려야 하는 거리)$=3060 + 115 = 3175$ (m)

다르게 풀기

❶ (고속열차 A가 1초에 달리는 거리)
$=400 \div 5 = 80$ (m)
(고속열차 A가 터널을 완전히 통과하는 데 달린 거리)$=80 \times 40 = 3200$ (m)

문해력 문제 6

전략 ─

풀기 ❶ 585

❷ 1, 12 / 12, 96

❸ 585, 96, 489

답 489 cm

6-1 578 cm

6-2 6 m 90 cm

6-3 10 cm

6-1 ❶ (종이테이프 21장의 길이의 합)
$=38 \times 21 = 798$ (cm)

❷ (겹쳐진 부분의 수)$=21 - 1 = 20$(군데)
(겹쳐진 부분의 길이의 합)
$=11 \times 20 = 220$ (cm)

❸ (이어 붙인 종이테이프의 전체 길이)
$=798 - 220 = 578$ (cm)

6-2 ❶ (앞쪽으로 15번 간 거리의 합)
$=64 \times 15 = 960$ (cm)

❷ (뒤쪽으로 15번 되돌아온 거리의 합)
$=18 \times 15 = 270$ (cm)

❸ (출발한 곳과 도착한 곳 사이의 거리)
$=960 - 270 = 690$ (cm) ➡ 6 m 90 cm

다르게 풀기

❶ (1번 움직였을 때 앞쪽으로 나아가는 거리)
$=64 - 18 = 46$ (cm)

❷ 무당벌레가 15번 반복해서 움직였으므로
(출발한 곳과 도착한 곳 사이의 거리)
$=46 \times 15 = 690$ (cm) ➡ 6 m 90 cm

6-3 ❶ (색 테이프 41장의 길이의 합)
$=32 \times 41 = 1312$ (cm)

❷ (겹쳐진 부분의 길이의 합)
$=1312 - 912 = 400$ (cm)

❸ 겹쳐진 한 부분의 길이 구하기
(겹쳐진 부분의 수)$=41 - 1 = 40$(군데)이고,
겹쳐진 한 부분의 길이를 □ cm라 하면
$□ \times 40 = 400$, $□ = 10$이므로
색 테이프를 10 cm씩 겹쳐서 이어 붙인 것이다.

1주 4일 **22 ~ 23** 쪽

문해력 문제 7

풀기 ❶ 34

❷ 34, 90, 90

❸ 90, 3870

답 3870

7-1 594

7-2 2340

7-3 2521

문해력 문제 7

❶ 어떤 수를 ●라 하면 잘못 계산한 식은
  ●-34=56이다.

❷ ●=56+34=90 ➡ (어떤 수)=90

❸ (바르게 계산한 값)=90×43=3870

7-1

전략

어떤 수(모르는 수)를 □, △, ☆ 등과 같이 기호를 사용하여 나타내자.

❶ 어떤 수를 □라 하면
  잘못 계산한 식은 □+72=94이다.

❷ □=94-72=22 ➡ (어떤 수)=22

❸ (바르게 계산한 값)=22×27=594

7-2 ❶ 이슬이가 생각한 수를 □라 하면
    90-□=38이다.

❷ □=90-38=52
  ➡ (이슬이가 생각한 수)=52

❸ 45에 이슬이가 생각한 수를 곱하면
    45×52=2340이 된다.

7-3 ❶ 예은이가 잘못 계산한 식을 쓰기
    어떤 수를 □라 하면
    잘못 계산한 식은 316-□=309이다.

❷ 어떤 수가 얼마인지 구하기
    □=316-309=7 ➡ (어떤 수)=7

❸ (바르게 계산한 값)=316×7=2212

❹ (바르게 계산한 값)+(잘못 계산한 값)
    =2212+309=2521

1주 4일 **24 ~ 25** 쪽

문해력 문제 8

전략 - / -, 21

풀기 ❶ 112

❷ 112, -, 109

❸ 105

❹ 109, 105, 4

답 4명

8-1 20명

8-2 882개

8-1 ❶ (35명씩 18대에 탄 학생 수)
      =35×18=630(명)

❷ (35명씩 18대에 탄 학생 수)+(버스에 타지 못한 학생 수)
    (전체 학생 수)
    =630+19=649(명)

❸ (37명씩 17대에 탄 학생 수)
    =37×17=629(명)

❹ (전체 학생 수)-(37명씩 17대에 탄 학생 수)
    (마지막 버스에 탄 학생 수)
    =649-629=20(명)

주의

전체 학생 수를 구할 때 35명씩 18대에 탄 학생 수에서 버스에 타지 못한 학생 수를 빼지 않도록 주의합니다.

8-2

전략

아버지가 사 오신 타일의 수를 구하려면
앞쪽과 뒤쪽 베란다에 붙이는 타일 수의 합에서
부족한 타일의 수를 빼자.

❶ (앞쪽 베란다 바닥에 붙인 타일의 수)
    =16×22=352(개)

❷ (뒤쪽 베란다 바닥에 붙이는 데 필요한 타일의 수)
    =20×28=560(개)

❸ (❶에서 구한 수)+(❷에서 구한 수)
    -(부족한 타일의 수)
    (아버지가 사 오신 타일의 수)
    =352+560-30=882(개)

정답과 해설

기출 1

❶ 9, 9, 19

❷ 10, 4, 10, 10, 4, 34

❸ 예 (두 수의 곱)=19×34=646

답 646

기출 2

❶ 짝수에 ○표, 짝수에 ○표

❷ 961, 900, 841

❸ 900, 900

답 900

기출 2

❷ 32×32=1024는 곱이 네 자리 수이므로 31×31=961이 같은 자연수 2개의 곱으로 나타낼 수 있는 세 자리 수 중에서 가장 큰 수이다.

창의 3

❶ 1, 1, 1, 1 / 14, 56

❷ 예 (가장 바깥쪽에 놓은 50원짜리 동전의 전체 금액)
=50×56=2800(원)

답 2800원

융합 4

❶ 7 / 2555, 2555, 2556

❷ 예 2020년 2월 29일은 2월 9일부터 20일 후이고, 3월 2일은 2월 29일부터 2일 후이므로 모두 20+2=22(일) 후이다.

❸ 예 2020년 3월 2일은 2013년 2월 9일부터 2556+22=2578(일) 후이다.

답 2578일 후

융합 4

❷ 2020년 2월 9일 ⎤
2020년 2월 29일 ⎦ 20일 후
2020년 2월 29일 ⎤
2020년 3월 2일 ⎦ 2일 후
➡ 모두 20+2=22(일) 후이다.

1 276 L	**2** 183장
3 1220 m	**4** 4840원
5 21마리, 14마리	**6** 1080
7 622 cm	**8** 1890 g
9 1440분	**10** 9개

1 ❶ (한 사람이 아낄 수 있는 물의 양)=12 L

❷ 각 모둠의 학생 수를 더하여 반 전체 학생 수 구하기
(유미네 반 전체 학생 수)
=5+6+5+7=23(명)

❸ (아낄 수 있는 전체 물의 양)
=12×23=276 (L)

2 ❶ (5월과 6월의 전체 날수)=31+30=61(일)

❷ (받은 전체 칭찬 붙임딱지의 수)
=3×61=183(장)

참고

5월은 31일, 6월은 30일까지 있다.

3 전략

터널의 길이를 구하려면 열차가 터널을 완전히 통과하는 데 달린 거리에서 열차의 길이를 빼자.

❶ (열차가 터널을 완전히 통과하는 데 달린 거리)
=42×32=1344 (m)

❷ (터널의 길이)=1344-124=1220 (m)

4 ❶ (사탕 3개의 값)=480×3=1440(원)

❷ (우유 4개의 값)=850×4=3400(원)

❸ (사탕과 우유의 값으로 낸 돈)
=1440+3400=4840(원)

5 ❶ 불가사리의 수가 거북이의 수보다 많으면서 합이 35마리가 되도록 표를 만들어 불가사리와 거북이 수의 곱 구하기

불가사리의 수(마리)	18	19	20	21
거북이의 수(마리)	17	16	15	14
두 수의 곱	⑯306	304	300	294

└ 곱이 294로 작아져야 하므로 차가 커지도록 두 수를 다시 예상해 본다.

❷ 불가사리는 21마리, 거북이는 14마리이다.

6 ❶ 어떤 수를 □라 하면
잘못 계산한 식은 □−99＝21이다.
❷ □＝21＋99＝120 ➡ (어떤 수)＝120
❸ (바르게 계산한 값)＝120×9＝1080

7 ❶ (종이테이프 16장의 길이의 합)
＝52×16＝832 (cm)
❷ (겹쳐진 부분의 수)＝16−1＝15(군데)
(겹쳐진 부분의 길이의 합)
＝14×15＝210 (cm)
❸ (이어 붙인 종이테이프의 전체 길이)
＝832−210＝622 (cm)

8 ❶ (밥 한 그릇에 들어가는 흰쌀과 보리쌀의 양)
＝70＋20＝90 (g)
❷ (일주일 동안 먹는 밥의 그릇 수)
＝3×7＝21(그릇)
❸ (일주일 동안 먹는 흰쌀과 보리쌀의 양)
＝90×21＝1890 (g)

다르게 풀기
❶ (밥 한 그릇에 들어가는 흰쌀과 보리쌀의 양)
＝70＋20＝90 (g)
❷ (하루에 먹는 흰쌀과 보리쌀의 양)
＝90×3＝270 (g)
❸ (일주일 동안 먹는 흰쌀과 보리쌀의 양)
＝270×7＝1890 (g)

9 ❶ 하루에 검도한 시간을 분으로 나타내기
1시간 20분＝60분＋20분＝80분
❷ 4월의 화요일과 금요일, 5월의 화요일과 금요일의 날수
를 더하여 검도를 한 날수 구하기
(검도를 한 날수)＝5＋4＋4＋5＝18(일)
❸ (검도를 한 전체 시간)＝80×18＝1440(분)

10 ❶ (14개씩 24상자에 담았을 때 찹쌀떡의 수)
＝14×24＝336(개)
❷ (전체 찹쌀떡의 수)＝336−7＝329(개)
❸ (16개씩 20상자에 담은 찹쌀떡의 수)
＝16×20＝320(개)
❹ (남는 찹쌀떡의 수)＝329−320＝9(개)

주의
전체 찹쌀떡의 수를 구할 때 14개씩 24상자에 담은 찹쌀
떡의 수에 모자라는 찹쌀떡의 수를 더하지 않도록 주의
한다.

2주 나눗셈

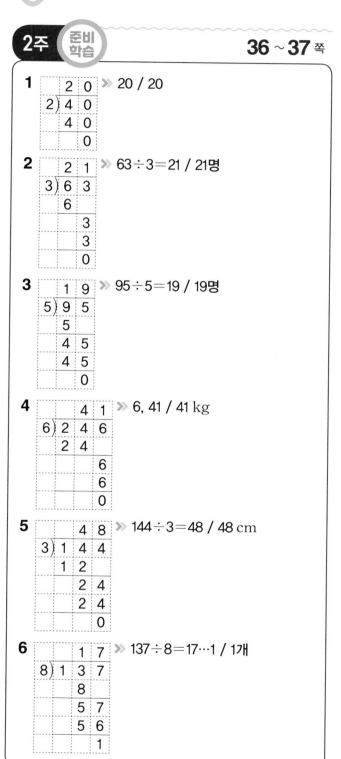

2주 준비학습 **36 ~ 37 쪽**

1 20 / 20

2 63÷3＝21 / 21명

3 95÷5＝19 / 19명

4 6, 41 / 41 kg

5 144÷3＝48 / 48 cm

6 137÷8＝17…1 / 1개

2 (나누어 줄 수 있는 사람 수)
＝(전체 풍선 수)÷(한 명에게 나누어 주는 풍선 수)
＝63÷3＝21(명)

3 (버스 한 대에 타는 학생 수)
＝(전체 학생 수)÷(버스 수)＝95÷5＝19(명)

4 (한 봉지에 담은 설탕의 양)
= (전체 설탕의 양) ÷ (봉지 수)
= $246 ÷ 6 = 41$ (kg)

5 (한 도막의 길이)
= (전체 철사의 길이) ÷ (도막 수)
= $144 ÷ 3 = 48$ (cm)

6 $137 ÷ 8 = 17 \cdots 1$이므로 사과를 17상자 포장할 수 있고, 사과 1개가 남는다.

6 (만들 수 있는 부채 수)
= (전체 한지 수)
÷ (부채 한 개를 만드는 데 필요한 한지 수)
= $190 ÷ 2 = 95$(개)

7 $108 ÷ 8 = 13 \cdots 4$
➡ 감을 13줄까지 매달 수 있고, 감 4개가 남는다.

2주 준비학습   **38~39** 쪽

> **1** $80 ÷ 5 = 16$ / 16개
> **2** $39 ÷ 3 = 13$ / 13개
> **3** $84 ÷ 7 = 12$ / 12대
> **4** $96 ÷ 6 = 16$ / 16쪽
> **5** $74 ÷ 6 = 12 \cdots 2$ / 12개
> **6** $190 ÷ 2 = 95$ / 95개
> **7** $108 ÷ 8 = 13 \cdots 4$ / 13줄, 4개

1 (필요한 상자 수)
= (전체 애플망고 수)
÷ (한 상자에 담는 애플망고 수)
= $80 ÷ 5 = 16$(개)

2 (한 명에게 줄 수 있는 사탕 수)
= (전체 사탕 수) ÷ (사람 수)
= $39 ÷ 3 = 13$(개)

3 (필요한 케이블카 수)
= (전체 학생 수) ÷ (한 대에 탈 수 있는 학생 수)
= $84 ÷ 7 = 12$(대)

4 (하루에 읽어야 하는 쪽수)
= (전체 쪽수) ÷ (날수)
= $96 ÷ 6 = 16$(쪽)

5 **전략**
> 만들 수 있는 클립의 수를 구하려면 전체 철사의 길이를 클립 한 개를 만드는 데 필요한 철사의 길이로 나누어 몫을 구한다.

$74 ÷ 6 = 12 \cdots 2$
➡ 클립을 12개까지 만들 수 있고, 철사 2 cm가 남는다.

2주 1 일   **40~41** 쪽

> **문해력 문제 1**
> **전략** + / ÷
> **풀기** ❶ 116
> ❷ 116, 29
> **답** 29번
> **1-1** 22장
> **1-2** 15분
> **1-3** 11명

문해력 문제 1
❶ (전체 학생 수) = (남학생 수) + (여학생 수)
= $55 + 61 = 116$(명)
❷ (체험기구의 운행 횟수) = $116 ÷ 4 = 29$(번)

1-1 ❶ 빨간색 색종이 수와 초록색 색종이 수의 합 구하기
(전체 색종이 수) = $47 + 85 = 132$(장)
❷ (한 명이 사용한 색종이 수) = $132 ÷ 6 = 22$(장)

1-2 ❶ 푼 수학 문제집 쪽수와 영어 문제집 쪽수의 합 구하기
(푼 문제집 전체 쪽수) = $4 + 2 = 6$(쪽)
❷ 1시간 30분 = 90분이므로
(문제집 한 쪽을 푸는 데 걸린 시간)
= $90 ÷ 6 = 15$(분)이다.

1-3 ❶ 연필 7타는 $12 × 7 = 84$(자루)이므로
전체 연필 수는 $84 + 6 = 90$(자루)이다.
❷ (전체 연필 수) − (남은 연필 수)
(학생들이 나누어 가진 연필 수)
= $90 - 2 = 88$(자루)
❸ (나누어 가진 학생 수) = $88 ÷ 8 = 11$(명)

정답과 해설

문해력 문제 2

전략 ÷ / ÷ / ×

풀기 ❶ 12

❷ 5, 12

❸ 12, 12, 144

답 144장

2-1 192장

2-2 468장

2-3 220 cm

2-1 ❶ (긴 변을 잘라 만들 수 있는 엽서 수)
= 84÷7=12(장)

❷ (짧은 변을 잘라 만들 수 있는 엽서 수)
= 64÷4=16(장)

❸ 긴 변과 짧은 변을 잘라 만들 수 있는 엽서 수를 곱하여 전체 엽서 수 구하기
(만들 수 있는 전체 엽서 수)
= 12×16=192(장)

2-2 ❶ 55÷3=18…1이므로 긴 변을 잘라 만들 수 있는 커튼은 18장이다.

❷ 짧은 변을 잘라 만들 수 있는 커튼은
52÷2=26(장)이다.

❸ 커튼은 18×26=468(장)까지 만들 수 있다.

주의

긴 변은 3 m씩 18장까지 자를 수 있고, 1 m가 남는다. 남는 1 m로는 커튼을 만들 수 없으므로 19장이라고 하지 않는다.

2-3 ❶ 받침대의 짧은 변의 길이는 나무판자의 한 변을 똑같이 3으로 나눈 길이와 같다.
(받침대의 짧은 변의 길이)=132÷3=44 (cm)

❷ 받침대의 긴 변의 길이는 나무판자의 한 변을 똑같이 2로 나눈 길이와 같다.
(받침대의 긴 변의 길이)=132÷2=66 (cm)

❸ (받침대 하나의 네 변의 길이의 합)
= 44+66+44+66=220 (cm)

참고

직사각형은 마주 보는 두 변의 길이가 같다.

문해력 문제 3

전략 × / ÷, 몫에 ○표

풀기 ❶ 220

❷ 31, 3, 31

답 31봉지

3-1 112봉지

3-2 89개

3-3 32개

3-1 전략

나누어 줄 수 있는 초콜릿 봉지 수를 구하려면 전체 초콜릿 수를 구해 한 봉지에 담는 초콜릿 수로 나누어 구하자.

❶ (전체 초콜릿 수)=20×45=900(개)

❷ 900÷8=112…4이므로 나누어 줄 수 있는 초콜릿은 112봉지이다.

3-2 ❶ (전체 사탕 수)=50×16=800(개)

❷ 800÷9=88…8
➜ 봉지 88개에 담고 사탕 8개가 남는다.
남는 사탕도 담아야 하므로 필요한 봉지는 적어도 88+1=89(개)이다.

3-3 ❶ 3 m=300 cm이고 300÷8=37…4이므로 8 cm 잘랐을 때 생기는 초록색 실은 37도막이다.

❷ 2 m 60 cm=260 cm이고 260÷8=32…4이므로 8 cm 잘랐을 때 생기는 빨간색 실은 32도막이다.

❸ 초록색 실과 빨간색 실을 같은 수만큼 사용해야 하므로 리본은 32개까지 만들 수 있다.

다르게 풀기

❶ 같은 길이만큼씩 사용하므로 더 짧은 실을 8 cm씩 잘랐을 때 생기는 도막 수를 구한다.

❷ 3 m > 2 m 60 cm이고 2 m 60 cm=260 cm, 260÷8=32…4이므로 8 cm씩 자르면 32도막이 생긴다.

❸ 초록색 실과 빨간색 실로 리본을 32개까지 만들 수 있다.

문해력 문제 4

전략 1

풀기 ❶ 150, 25

❷ 25, 1, 26

답 26그루

4-1 14개

4-2 26개

4-3 16개

문해력 문제 4

❶ (간격의 수)=150÷6=25(군데)

❷ (심은 나무의 수)=25+1=26(그루)

> 참고
> (심은 나무의 수)=(간격의 수)+1

4-2 ❶ (간격의 수)=91÷7=13(군데)

❷ (설치한 통의 수)=13+1=14(개)

4-2 ❶ (간격의 수)=108÷9=12(군데)

❷ (도로 한쪽에 필요한 가로등의 수)
=12+1=13(개)

❸ (도로 양쪽에 필요한 가로등의 수)
=13×2=26(개)

4-3 ❶ (수영장의 네 변의 길이의 합)
=20+20+20+20=80 (m)

❷ (간격의 수)=80÷5=16(군데)

❸ (필요한 깃발의 수)=(간격의 수)=16개

> 다르게 풀기
> ❶ (수영장의 한 변에 꽂는 깃발의 간격의 수)
> =20÷5=4(군데)
> ❷ (수영장의 한 변에 꽂는 깃발의 수)
> =4+1=5(개)
> ❸ 수영장의 변은 4개이므로 5×4=20(개)에서 네 꼭짓점에서 겹치는 깃발의 수를 빼면
> (필요한 깃발의 수)=20−4=16(개)이다.

> 참고
> 정사각형 모양의 수영장의 네 변의 길이의 합은 시작과 끝이 같고 이어진 길이이므로 깃발 사이의 간격의 수와 필요한 깃발의 수가 같다.

문해력 문제 5

전략 나머지에 ○표

풀기 ❶ 74

❷ 74, 12, 2, 2

답 2개

5-1 6장

5-2 22개, 4개

5-3 2개

문해력 문제 5

❶ (전체 사탕 수)=40+34=74(개)

❷ 마지막 봉지에 담는 사탕 수 구하기
74÷6=12…2이므로 마지막 봉지에는 사탕을 2개 담게 된다.

> 참고
> 나눗셈에서 나머지가 마지막 봉지에 담게 되는 사탕 수이다.

5-1 ❶ (런던에서 찍은 사진 수)+(파리에서 찍은 사진 수)
(전체 사진 수)=220+150=370(장)

❷ 370÷7=52…6이므로 마지막 쪽에는 사진을 6장 꽂게 된다.

5-2 ❶ (한 봉지에 들어 있는 과자 수)×(봉지 수)
(전체 과자 수)=12×15=180(개)

❷ 180÷8=22…4이므로 한 접시에 22개씩 담을 수 있고, 과자 4개가 남는다.

5-3 ❶ (전체 브로치 수)=55+38=93(개)

❷ 93÷5=18…3이므로 한 상자에 18개씩 담고, 브로치 3개가 남는다.

❸ 남는 것 없이 5상자에 똑같이 나누어 담아야 하므로 브로치는 적어도 5−3=2(개) 더 필요하다.

> 참고
> 브로치를 남는 것 없이 상자에 담으려고 할 때 더 필요한 최소 브로치 수:
> (상자 수)−(남는 브로치 수)
> 나누는 수   나머지

정답과 해설

문해력 문제 6

전략 90 / 4

풀이 ❶ 90, 70, 77, 84

❷ 4, 70, 70

답 70개

6-1 90개

6-2 96

6-3 18층

6-1

전략

'9개씩 넣으면 남는 밤이 없고, 7개씩 넣으면 6개가 남습니다.'에서 9로 나누어떨어지는 수와 7로 나누었을 때 나머지가 6인 수임을 이용하여 구하자.

❶ 60보다 크고 100보다 작은 수 중에서 9로 나누어떨어지는 수: 63, 72, 81, 90, 99

❷ 위 ❶에서 구한 수 중에서 7로 나누었을 때 나머지가 6인 수: 90
➡ 밤은 90개이다.

6-2
❶ 8로 나누어떨어지는 두 자리 수: 16, 24, 32, 40, 48, 56, 64, 72, 80, 88, 96

❷ 위 ❶에서 구한 수 중에서 6으로 나누어떨어지는 수: 24, 48, 72, 96

❸ 8과 6으로 나누었을 때 모두 나누어떨어지는 가장 큰 두 자리 수: 96

다르게 풀기

❶ 8로 나누어떨어지는 두 자리 수를 큰 수부터 차례로 쓰면 96, 88, 80, 72, 64, …이다.

❷ 6으로 나누어떨어지는 두 자리 수를 큰 수부터 차례로 쓰면 96, 90, 84, 78, 72, …이다.

❸ 8과 6으로 나누었을 때 모두 나누어떨어지는 가장 큰 두 자리 수: 96

6-3
❶ 40보다 크고 70보다 작은 수 중에서 6으로 나누어떨어지는 수: 42, 48, 54, 60, 66

❷ 십의 자리 수가 일의 자리 수보다 1만큼 더 큰 수는 54이므로 나무 블록은 54개이다.

❸ (나무 블록의 층수)$=54\div3=18$(층)

문해력 문제 7

전략 ÷

풀이 ❶ 3

❷ 3, 135, 135, 136, 136 / 136

❸ 136, 17

답 17개

7-1 16도막

7-2 25, 2

7-3 154, 2

7-1
❶ 자르기 전의 색 테이프의 길이를 ☐ cm라 하면 ☐$\div6=13\cdots2$이다.

❷ $6\times13=78$, $78+2=80$, ☐$=80$
➡ 자르기 전의 색 테이프의 길이는 80 cm이다.

❸ (5 cm씩 자른 도막 수)$=80\div5=16$(도막)

참고

• 나눗셈의 계산이 바른지 확인하기
■÷▲=●…★ ➡ [확인] ▲×●=㉠, ㉠+★=■

7-2
❶ 어떤 수를 ☐라 하면 ☐$\div9=11\cdots3$이다.

❷ $9\times11=99$, $99+3=102$, ☐$=102$
➡ 어떤 수는 102이다.

❸ 어떤 수를 4로 나눈 몫과 나머지 구하기
$102\div4=25\cdots2$이므로 몫은 25, 나머지는 2이다.

7-3
❶ 나머지가 될 수 있는 가장 큰 자연수는 $9-1=8$이다.

❷ 어떤 수를 ☐라 하면 ☐$\div9=102\cdots8$이다.

❸ $9\times102=102\times9=918$, $918+8=926$,
☐$=926$ ➡ 어떤 수는 926이다.

❹ $926\div6=154\cdots2$이므로 몫은 154이고 나머지는 2이다.

참고

두 수의 순서를 바꾸어 곱해도 결과는 같다.
➡ ㉠×㉡=㉡×㉠

정답과 해설

문해력 문제 8

전략 3

풀기 ❶ 3

❷ 3, 2, 2, 10 / 10

❸ 10, 30

답 30살

8-1 36살

8-2 20 cm, 40 cm

8-3 36 cm

8-1 ❶ 소희의 나이를 □살이라 하면 이모의 나이는 (□×3)살이다.

❷ 두 사람의 나이의 차를 식으로 나타내 계산하기

□×3−□=24, □×2=24,

□=24÷2=12

➡ 소희의 나이는 12살이다.

❸ (이모의 나이)=12×3=36(살)

참고

□×3=□+□+□이므로

□×3−□=□+□+□−□=□+□

=□×2이다.

8-2 ❶ 짧은 도막의 길이를 □ cm라 하면 긴 도막의 길이는 (□×2) cm이다.

❷ 두 도막의 길이의 합을 식으로 나타내 계산하기

□×2+□=60, □×3=60,

□=60÷3=20

➡ 짧은 도막의 길이는 20 cm이다.

❸ (긴 도막의 길이)=20×2=40 (cm)

8-3 ❶ (긴 변)+(짧은 변)=108÷2=54 (cm)

❷ 긴 변의 길이의 반이 짧은 변의 길이이므로 짧은 변의 길이를 □ cm라 하면 긴 변의 길이는 (□×2) cm이다.

❸ □×2+□=54, □×3=54,

□=54÷3=18

➡ 짧은 변의 길이는 18 cm이다.

❹ (긴 변)=18×2=36 (cm)

기출 1

❶ 1, 2, 3 / 2, 7

❷ 101, 101, 7, 14, 7, 14, 4, 5

❸ 예 3+4+5+6+0+1+2=21, 21×14=294,

294+3+4+5=306

답 306

기출 2

❶ 69, 76, 83, 90, 97

❷ 5 / 69, 77, 85, 93

❸ 예 위 ❶, ❷를 모두 만족하는 ■의 값은 69이다.

답 69

융합 3

❶ 7, 21

❷ 21, 42

❸ 42÷2=21(번)

답 21번

융합 4

❶ ÷2, ÷2, ÷2

❷ 예 (24시간 후의 미생물 수)=128÷2=64(마리)

(12시간 후의 미생물 수)=64÷2=32(마리)

(처음 배양하기 시작한 미생물 수)

=32÷2=16(마리)

답 16마리

융합 3

❶ (초록색 선 밖에서 공을 넣어 얻은 점수)

=3×(공이 골대에 들어간 횟수)

=3×7=21(점)

❷ (초록색 선 안에서 공을 넣어 얻은 점수)

=(전체 점수)−(초록색 선 밖에서 얻은 점수)

=63−21=42(점)

2주 주말 TEST　　　　　　　　　**60 ~ 63 쪽**

1 14개	**2** 86봉지
3 4개	**4** 96개
5 22그루	**6** 29개
7 12도막	**8** 44살
9 156개	**10** 23 cm, 69 cm

1 ❶ (파란 공의 수)+(빨간 공의 수)

(전체 공의 수)=26+72=98(개)

❷ (한 상자에 담은 공의 수)=98÷7=14(개)

2 ❶ (전체 감자 수)=15×23=345(개)

❷ 345÷4=86…1이므로 팔 수 있는 감자는 86봉
지이다.

3 ❶ (전체 사과 수)=8×14=112(개)

❷ 112÷9=12…4이므로 마지막 바구니에는 사과
를 4개 담게 된다.

4 ❶ 70보다 크고 100보다 작은 수 중에서 8로 나누
어떨어지는 수: 72, 80, 88, 96

❷ 위 ❶에서 구한 수 중에서 5로 나누었을 때 나머
지가 1인 수: 96

➡ 사탕은 96개이다.

[다르게 풀기]

❶ 70보다 크고 100보다 작은 수 중에서 8로 나누
어떨어지는 수: 72, 80, 88, 96

❷ 70보다 크고 100보다 작은 수 중에서 5로 나누었
을 때 나머지가 1인 수: 71, 76, 81, 86, 91, 96

❸ ❶과 ❷에서 공통인 수: 96

➡ 사탕은 96개이다.

5 ❶ (간격의 수)=126÷6=21(군데)

❷ (도로 한쪽에 필요한 나무의 수)
=21+1=22(그루)

6 ❶ (전체 마카롱의 수)=12×19=228(개)

❷ 228÷8=28…4

➡ 봉지 28개에 담고 마카롱 4개가 남는다.
남는 마카롱도 봉지에 담아야 하므로 필요한
봉지는 적어도 28+1=29(개)이다.

7 ❶ 초록색 실의 길이를 □ cm라 하여 나눗셈식 만들기

자르기 전의 초록색 실의 길이를 □ cm라 하면
□÷5=21…3이다.

❷ 초록색 실의 길이 구하기

5×21=105, 105+3=108, □=108

➡ 자르기 전의 초록색 실의 길이는 108 cm이다.

❸ (9 cm씩 자른 도막 수)=108÷9=12(도막)

8 ❶ 승연이의 나이를 □살이라 하여 고모의 나이를 나타내기

승연이의 나이를 □살이라 하면 고모의 나이는
(□×4)살이다.

❷ 두 사람의 나이의 차를 식으로 나타내 계산하기

□×4-□=33, □×3=33,

□=33÷3=11

➡ 승연이의 나이는 11살이다.

❸ (고모의 나이)=11×4=44(살)

[참고]

□×4=□+□+□+□이므로

□×4-□=□+□+□+□-□

=□+□+□

=□×3

9 [전략]

만들 수 있는 컵 받침 수를 구하려면 먼저 긴 변과 짧은
변을 잘라 만들 수 있는 컵 받침 수를 각각 구해야 한다.

❶ (긴 변을 잘라 만들 수 있는 컵 받침 수)
=104÷8=13(개)

❷ (짧은 변을 잘라 만들 수 있는 컵 받침 수)
=72÷6=12(개)

❸ (만들 수 있는 전체 컵 받침 수)
=13×12=156(개)

10 ❶ 짧은 도막의 길이를 □ cm라 하여 긴 도막의 길이를 나타내기

짧은 도막의 길이를 □ cm라 하면 긴 도막의 길
이는 (□×3) cm이다.

❷ 두 도막의 길이의 합을 식으로 나타내 계산하기

□×3+□=92, □×4=92,

□=92÷4=23

➡ 짧은 도막의 길이는 23 cm이다.

❸ (긴 도막의 길이)=23×3=69 (cm)

정답과 해설

> **1** 4, 8 ≫ 8명
>
> **2** 3, 6, 9 ≫ 9시간
>
> **3** $2\frac{1}{4}$ ≫ $2\frac{1}{4}$컵
>
> **4** 2, 16 ≫ 16 cm
>
> **5** 20, 20, 10 ≫ 10 cm
>
> **6** 반지름, 2, 14 ≫ 14 m

1 28명의 $\frac{2}{7}$는 8명이다.

➡ 강아지를 기르는 학생은 8명이다.

2 24시간의 $\frac{3}{8}$은 9시간이다.

➡ 지윤이가 하루 중 잠을 자는 시간은 9시간이다.

3 $\frac{1}{4}$이 9개이면 $\frac{9}{4}$이다.

이것을 대분수로 나타내면 모두 $2\frac{1}{4}$컵이다.

> **주의**
>
> $\frac{9}{4}$를 대분수로 나타낼 때 $1\frac{5}{4}$로 쓰지 않도록 주의한다.

4 컴퍼스를 벌린 길이가 원의 반지름이 된다.
(원의 지름)＝(원의 반지름)×2
＝8×2＝16 (cm)

5 정사각형 모양의 상자 한 변이 피자의 지름이 된다.
(피자의 반지름)＝(피자의 지름)÷2
＝20÷2＝10 (cm)

6 (작은 원 모양 화단의 지름)
＝(큰 원 모양 화단의 반지름)
＝28÷2＝14 (m)

> **1** 8, 2 / 2개
>
> **2** 1, 2, 3, 4, 5, 6 / 6 / 6개
>
> **3** 20 / 6, 2 / $6\frac{2}{3}$시간
>
> **4** 3, 5 / 5, 10 / 10 cm
>
> **5** 3, 9 / 9, 18 / 18 cm
>
> **6** 8 / 2, 2, 16 / 16 cm

1 먹은 붕어빵은 8개의 $\frac{1}{4}$이므로 2개이다.

2
> **전략**
>
> 분모가 7인 진분수의 분자는 7보다 작다.

분모가 7인 진분수: $\frac{1}{7}$, $\frac{2}{7}$, $\frac{3}{7}$, $\frac{4}{7}$, $\frac{5}{7}$, $\frac{6}{7}$

➡ 6개

> **참고**
>
> 분모가 □인 진분수의 개수: (□－1)개

3 $\frac{1}{3}$이 20개이면 $\frac{20}{3}$이다.

이것을 대분수로 나타내면 모두 $6\frac{2}{3}$시간이다.

4
> **전략**
>
> 가장 큰 원을 그리려면 누름 못과 연필심 사이의 거리가 가장 멀어야 한다.

그릴 수 있는 가장 큰 원의 반지름은
2＋3＝5 (cm)이다.
➡ (가장 큰 원의 지름)＝(가장 큰 원의 반지름)×2
＝5×2＝10 (cm)

5 (과녁판의 반지름)＝3＋3＋3＝9 (cm)
➡ (과녁판의 지름)＝(과녁판의 반지름)×2
＝9×2＝18 (cm)

6 원의 지름은 8 cm이다.
➡ 직사각형의 가로는 원의 지름의 2배이므로
8×2＝16 (cm)이다.

문해력 문제 1

전략 2 / 3

풀기 ❶ 20

❷ 50, 15

❸ 20, 15, 35

답 35개

1-1 7시간

1-2 주하네 가족, 2개

1-3 3일

1-1 ❶ (축구를 한 시간)=24시간의 $\frac{1}{8}$=3시간

❷ (물놀이를 한 시간)=24시간의 $\frac{1}{6}$=4시간

❸ (축구와 물놀이를 한 시간)=3+4=7(시간)

> **참고**
> 하루의 시간은 24시간이다.

1-2 **전략**
> 어느 것이 얼마나 더 많은지 구하려면
> 두 수를 각각 구하여 큰 수에서 작은 수를 빼자.

❶ (윤하네 가족이 먹은 라면의 수)
=30개의 $\frac{2}{6}$=10개

❷ (주하네 가족이 먹은 라면의 수)
=16개의 $\frac{3}{4}$=12개

❸ 먹은 라면의 수를 비교하여 차 구하기
10개<12개이므로 주하네 가족이 먹은 라면이
12-10=2(개) 더 많다.

1-3 **전략**
> '보통'인 날수가 12일로 주어져 있으므로 먼저 '매우 나쁨'
> 인 날수를 구한 후 '나쁨'인 날수를 구하자.

❶ ('매우 나쁨'인 날수)=12일의 $\frac{3}{4}$=9일

❷ ('나쁨'인 날수)=9일의 $\frac{2}{3}$=6일

❸ ('매우 나쁨'인 날수)-('나쁨'인 날수)를 구하기
'매우 나쁨'인 날은 '나쁨'인 날보다 9-6=3(일)
더 많다.

문해력 문제 2

전략 남, 여 / 7

풀기 ❶ 27

❷ 27, 7, 21

❸ 21, 6

답 6명

2-1 12 kg

2-2 5쪽

2-3 12개

2-1 ❶ (전체 곡물의 양)=30+7+5=42 (kg)

❷ (먹은 곡물의 양)=42 kg의 $\frac{5}{7}$=30 kg

❸ (남은 곡물의 양)=42-30=12 (kg)

> **다르게 풀기**
>
> 먹은 곡물이 전체의 $\frac{5}{7}$이므로 남은 곡물은 전체를
> 똑같이 7로 나눈 것 중의 7-5=2이다.
>
> ❷ 남은 곡물: 전체의 $\frac{2}{7}$
>
> ❸ (남은 곡물의 양)=42 kg의 $\frac{2}{7}$=12 kg

2-2 ❶ (어제까지 푼 쪽수)=80쪽의 $\frac{5}{8}$=50쪽

❷ (어제까지 풀고 남은 쪽수)=80-50=30(쪽)

❸ (오늘 푼 쪽수)=30쪽의 $\frac{1}{6}$=5쪽

> **다르게 풀기**
>
> ❶ 어제까지 풀고 남은 문제집: 전체의 $\frac{3}{8}$
>
> ❷ (어제까지 풀고 남은 쪽수)=80쪽의 $\frac{3}{8}$=30쪽
>
> ❸ (오늘 푼 쪽수)=30쪽의 $\frac{1}{6}$=5쪽

2-3 ❶ (민후가 먹은 꿀떡의 수)=36개의 $\frac{4}{9}$=16개

❷ (민후가 먹고 남은 꿀떡의 수)=36-16=20(개)

❸ (현아가 먹은 꿀떡의 수)=20개의 $\frac{2}{5}$=8개

❹ (윤서가 먹은 꿀떡의 수)=20-8=12(개)

문해력 문제 3

전략 < / 13 / 5

풀기 ① 작다에 ○표

②

분자	1	2	3	4	5	6
분모	12	11	10	9	8	7
분자와 분모의 차	11	9	7	5	3	1

③ $\frac{4}{9}$ **답** $\frac{4}{9}$

3-1 $\frac{7}{3}$

3-2 $5\frac{5}{7}$

3-1 ① 가분수이므로 분자는 분모와 같거나 분모보다 크다.

② 분자와 분모의 합이 10이면서 분자가 분모와 같거나 크게 되도록 표를 만들어 차 구하기

분자	9	8	7	6	5
분모	1	2	3	4	5
분자와 분모의 차	8	6	4	2	0

③ 구하려는 가분수: $\frac{7}{3}$

다르게 풀기

① 분자를 □라 하면 가분수이므로 분모는 (□−4)이다.

② □+□−4=10, □+□=14, □=7

③ 분자가 7, 분모가 7−4=3이므로

구하려는 가분수는 $\frac{7}{3}$이다.

3-2 **전략**

5보다 크고 6보다 작은 대분수: $5\frac{\triangle}{\blacksquare}$

① 5보다 크고 6보다 작은 대분수이므로 자연수 부분은 5이고, 분수 부분은 진분수이므로 분자는 분모보다 작다.

② 분자와 분모의 합이 12이면서 분자가 분모보다 작게 되도록 표를 만들어 차 구하기

분자	1	2	3	4	5
분모	11	10	9	8	7
분자와 분모의 차	10	8	6	4	2

③ 주원이가 설명한 분수: $5\frac{5}{7}$

문해력 문제 4

전략 3

풀기 ① 390, 160

② 160, 480

③ 480, 70

답 70 g

4-1 2 kg

4-2 140분

4-3 135 cm

4-1 ① (고추장 전체의 $\frac{1}{4}$만큼의 무게)

$=30−23=7$ (kg)

② (고추장 전체의 무게)$=7×4=28$ (kg)

③ (빈 통의 무게)$=30−28=2$ (kg)

4-2 **전략**

$\frac{3}{7}$은 $\frac{1}{7}$이 3개인 수이므로

전체의 $\frac{3}{7}$이 ■이면 전체의 $\frac{1}{7}$은 (■÷3)이다.

① (전체 등반로의 $\frac{1}{7}$만큼 가는 데 걸리는 시간)

$=90÷3=30$(분)

② (전체 등반로를 가는 데 걸리는 시간)

$=30×7=210$(분)

③ (전체 등반로의 $\frac{2}{3}$만큼 가는 데 걸리는 시간)

$=210$분의 $\frac{2}{3}=140$분

4-3 **전략**

거꾸로 생각하여 첫 번째로 튀어 오른 높이를 구한 후 처음 뛰어내린 높이를 구하자.

① 첫 번째로 튀어 오른 높이의 $\frac{3}{5}$만큼이 54 cm임을 이용하여 $\frac{1}{5}$만큼의 높이 구하기

(첫 번째로 튀어 오른 높이의 $\frac{1}{5}$만큼의 높이)

$=54÷3=18$ (cm)

❷ (첫 번째로 튀어 오른 높이)=18×5=90 (cm)

❸ 처음 뛰어내린 높이의 $\frac{2}{3}$만큼이 90 cm임을 이용하여 $\frac{1}{3}$만큼의 높이 구하기

(처음 뛰어내린 높이의 $\frac{1}{3}$만큼의 높이)

=90÷2=45 (cm)

❹ (처음 뛰어내린 높이)=45×3=135 (cm)

문해력 문제 5

전략 ÷

풀기 ❶ 1, 5

❷ ÷, 5, 24

❸ 24, 12

답 12 cm

5-1 6 cm

5-2 4 cm

5-1 ❶ 한 줄에 놓는 과자가 1개씩 늘어나는 규칙이므로 4호 과자는 한 줄에 4개씩 놓는다.

❷ (4호 과자 하나의 지름)
=48÷4=12 (cm)

❸ (4호 과자 하나의 반지름)
=12÷2=6 (cm)

5-2 ❶ 그림에서 가장 작은 원의 지름의 규칙 찾기
가장 작은 원의 지름은 바로 전의 가장 작은 원의 지름의 반이 되는 규칙이다.

❷ 2번째, 3번째, 4번째 그림에서 가장 작은 원의 지름 구하기
(2번째에서 가장 작은 원의 지름)
=64÷2=32 (cm)
(3번째에서 가장 작은 원의 지름)
=32÷2=16 (cm)
(4번째에서 가장 작은 원의 지름)
=16÷2=8 (cm)

❸ (4번째에서 가장 작은 원의 반지름)
=8÷2=4 (cm)

문해력 문제 6

전략 2 / 반

풀기 ❶ 2, 4

❷ 7

❸ 7, 28

답 28 cm

6-1 33 cm

6-2 14개

6-3 24 cm

문해력 문제 6

❶ (원의 반지름)=8÷2=4 (cm)

❷ 선분 ㄱㄴ의 길이는 원의 반지름의 7배이다.

❸ (선분 ㄱㄴ)=4×7=28 (cm)

6-1 전략
그린 원이 10개이면 선분 ㄱㄴ의 길이는 원의 반지름의 (10+1)배이다.

❶ (원의 반지름)=6÷2=3 (cm)

❷ 선분 ㄱㄴ의 길이는 원의 반지름의 11배이다.

❸ (선분 ㄱㄴ)=3×11=33 (cm)

6-2 전략
선분 ㄱㄴ의 길이가 원의 반지름의 ○배이면 그린 원은 (○-1)개이다.

❶ (원의 반지름)=12÷2=6 (cm)

❷ 선분 ㄱㄴ의 길이는 원의 반지름의 90÷6=15(배)이다.

❸ (그린 원의 수)=15-1=14(개)

6-3 ❶ 직사각형의 세로는 원의 반지름의 몇 배인지 구하기
직사각형의 세로는 원의 반지름의 9배이다.

❷ (원의 반지름)=108÷9=12 (cm)

❸ 직사각형의 가로 구하기
직사각형의 가로는 원의 반지름의 2배이므로
(직사각형의 가로)=12×2=24 (cm)이다.

3주 4일

문해력 문제 7

전략 (위에서부터) 5, 8, 4

풀이 ❶ 5, 13 / 4, 15 / 9

❷ 13, 15, 9, 37

답 37 cm

7-1 49 cm

7-2 90 mm

7-3 36 cm

7-1 ❶ (변 ㄱㄴ)＝7＋5＋6＝18 (cm)
(변 ㄴㄷ)＝6＋4＋7＝17 (cm)
(변 ㄱㄷ)＝7＋7＝14 (cm)

❷ (삼각형 ㄱㄴㄷ의 세 변의 길이의 합)
＝18＋17＋14＝49 (cm)

7-2 ❶ 그린 사각형에는 길이가 12＋12＝24 (mm)인
변이 2개, 12＋9＝21 (mm)인 변이 2개 있다.

❷ (사각형의 네 변의 길이의 합)
＝24＋24＋21＋21＝90 (mm)

7-3

전략
그린 삼각형은 세 변의 길이가 모두 같으므로 먼저 한
변의 길이를 구하자.

❶ 그린 삼각형의 한 변의 길이는 원의 지름의 3배
이다.
(삼각형의 한 변의 길이)＝4×3＝12 (cm)

❷ (삼각형의 세 변의 길이의 합)
＝12＋12＋12＝36 (cm)

다르게 풀기

❶ 삼각형의 한 변의 길이 구하기
그린 삼각형의 한 변의 길이는 원의 반지름의 6배
이다.
(원의 반지름)＝4÷2＝2 (cm)이므로
(삼각형의 한 변의 길이)＝2×6＝12 (cm)이다.

❷ (삼각형의 세 변의 길이의 합)
＝12＋12＋12＝36 (cm)

3주 4일

문해력 문제 8

전략 ×

풀이 ❶ 2, 14

❷ 8

❸ 14, 8, 112

답 112 cm

8-1 80 cm **8-2** 192 cm **8-3** 112 cm

8-1 ❶ (디저트 접시의 지름)＝5×2＝10 (cm)

❷ 상자의 네 변의 길이의 합은 접시의 지름의 8배
와 같다.

❸ (상자의 네 변의 길이의 합)＝10×8＝80 (cm)

다르게 풀기

❶ 상자의 한 변의 길이는 접시의 반지름의 4배와
같다.

❷ (상자의 한 변의 길이)＝5×4＝20 (cm)

❸ (상자의 네 변의 길이의 합)
＝20＋20＋20＋20＝80 (cm)

8-2 ❶ (원의 지름)＝6×2＝12 (cm)

❷ 주황색 도형의 모든 변의 길이의 합은 원의 지름
의 16배와 같다.

❸ (주황색 도형의 모든 변의 길이의 합)
＝12×16＝192 (cm)

주의
원의 지름의 몇 배인지 셀 때에는 빠뜨리지 않도록 연필
로 표시해 가며 세도록 한다.

8-3 ❶ 반지름이 5 cm인 원의 지름은 5×2＝10 (cm),
반지름이 4 cm인 원의 지름은 4×2＝8 (cm)
이다.

❷ 직사각형의 네 변의 길이의 합은 10 cm인 지름
의 8배, 8 cm인 지름의 4배의 합과 같다.

❸ 직사각형의 네 변의 길이의 합 구하기
10×8＝80 (cm), 8×4＝32 (cm)이므로
(직사각형의 네 변의 길이의 합)
＝80＋32＝112 (cm)이다.

참고
직사각형의 가로는 10 cm인 지름의 3배와 8 cm인 지
름의 2배의 합과 같고, 세로는 10 cm인 지름과 같다.

3주 5일 86 ~ 87쪽

기출 1

❶ 4, 2, 3, 1

❷ 12, 2 / $13\frac{1}{5}$, $13\frac{2}{5}$

❸ 예 $13\frac{2}{5}$를 가분수로 나타내면 $\frac{67}{5}$이다.

답 $\frac{67}{5}$

기출 2

❶ 2, 21 / 21, 8

❷ 8 / 8, 5 / 5, 3

❸ 예 (점 ㄷ을 중심으로 하는 원의 지름)
$=3\times2=6$ (cm)

답 6 cm

3주 5일 88 ~ 89쪽

융합 3

❶ 6, 6, 3 / $3\times5=15$(개)

❷ 15 / 예 $15\div3=5$(개)이다. / $5\times4=20$(개)

답 20개

창의 4

❶ ① 6 ② 12 ③ 18 ④ 24

❷ 예 (선분 ㅈㄱ)$=24+6=30$ (cm)

답 30 cm

창의 4

❶ ① (선분 ㄱㅁ)=(선분 ㄱㄹ)=6 cm
② (선분 ㄴㅂ)=(선분 ㄴㅁ)
$=6+6=12$ (cm)
③ (선분 ㄷㅅ)=(선분 ㄷㅂ)
$=6+12=18$ (cm)
④ (선분 ㄹㅇ)=(선분 ㄹㅅ)
$=6+18=24$ (cm)

❷ (선분 ㅈㄱ)=(선분 ㅇㄱ)
$=24+6=30$ (cm)

3주 주말 TEST 90 ~ 93쪽

1 9마리	**2** 20 cm
3 $\frac{2}{9}$	**4** 53 cm
5 36명	**6** 50 g
7 120 cm	**8** 60개
9 80 cm	**10** 121 mm

1 ❶ (북어찜을 만든 북어의 수)
$=20$마리의 $\frac{1}{4}=5$마리

❷ (북어무침을 만든 북어의 수)
$=20$마리의 $\frac{1}{5}=4$마리

❸ (사용한 북어의 수)$=5+4=9$(마리)

2 ❶ 2번째부터 시작하여 작은 원이 1개씩 늘어나는 규칙이므로 5번째에서 작은 원은 5개이고, 6번째에서 작은 원은 6개이다.

❷ (6번째에서 작은 원 하나의 지름)
$=240\div6=40$ (cm)

❸ (6번째에서 작은 원 하나의 반지름)
$=40\div2=20$ (cm)

3 ❶ 진분수이므로 분자는 분모보다 작다.

❷ 분자와 분모의 합이 11이면서 분자가 분모보다 작게 되도록 표를 만들어 차 구하기

분자	1	2	3	4	5
분모	10	9	8	7	6
분자와 분모의 차	9	7	5	3	1

❸ 구하려는 진분수: $\frac{2}{9}$

다르게 풀기

❶ 분자를 □라 하면 진분수이므로 분모는 (□+7)

❷ □+□+7=11, □+□=4, □=2

❸ 분자가 2, 분모가 2+7=9이므로 $\frac{2}{9}$이다.

4 ❶ (변 ㄱㄴ)$=10+6=16$ (cm)
(변 ㄴㄷ)$=6+8=14$ (cm)
(변 ㄱㄷ)$=10+5+8=23$ (cm)

❷ (삼각형 ㄱㄴㄷ의 세 변의 길이의 합)
$=16+14+23=53$ (cm)

정답과 해설

5 ❶ (전체 학생 수)=42+39=81(명)
❷ (케이블카를 타 본 학생 수)
=81명의 $\frac{5}{9}$=45(명)
❸ (케이블카를 타 보지 않은 학생 수)
=81-45=36(명)

6
> **전략**
> 빈 병의 무게를 구하려면
> 탄산음료 한 병의 무게에서 탄산음료 전체의 무게를 빼자.

❶ (탄산음료 전체의 $\frac{1}{5}$만큼의 무게)
=850-690=160 (g)
❷ (탄산음료 전체의 무게)=160×5=800 (g)
❸ (빈 병의 무게)=850-800=50 (g)

7 ❶ (원의 지름)=5×2=10 (cm)
❷ 정사각형의 네 변의 길이의 합은 원의 지름의 12배와 같다.
❸ (정사각형의 네 변의 길이의 합)
=10×12=120 (cm)

8 ❶ (준서가 먹은 캐러멜의 수)
=140개의 $\frac{2}{7}$=40개
❷ (준서가 먹고 남은 캐러멜의 수)
=140-40=100(개)
❸ (친구에게 준 캐러멜의 수)
=100개의 $\frac{3}{5}$=60개

> **다르게 풀기**

❶ 준서가 먹고 남은 캐러멜: 전체의 $\frac{5}{7}$
❷ (준서가 먹고 남은 캐러멜의 수)
=140개의 $\frac{5}{7}$=100개
❸ (친구에게 준 캐러멜의 수)=100개의 $\frac{3}{5}$=60개

9 ❶ (원의 반지름)=16÷2=8 (cm)
❷ 선분 ㄱㄴ의 길이는 원의 반지름의 10배이다.
❸ (선분 ㄱㄴ)=8×10=80 (cm)

10 ❶ 그린 사각형에는 길이가 12+12=24 (mm)인 변이 2개, 12+15+12=39 (mm)인 변이 1개, 12+10+12=34 (mm)인 변이 1개 있다.
❷ (사각형의 네 변의 길이의 합)
=24+24+39+34=121 (mm)

4주 들이와 무게

4주 준비학습 **96~97쪽**

1 3700 » 3700 mL
2 3 L 500 mL » 3, 500 / 3 L 500 mL
3
$$\begin{array}{r} 8\ \text{L}\ 900\ \text{mL} \\ -\ 2\ \text{L}\ 600\ \text{mL} \\ \hline 6\ \text{L}\ 300\ \text{mL} \end{array}$$
» 8 L 900 mL-2 L 600 mL=6 L 300 mL / 6 L 300 mL
4 1, 400 » 1 kg 400 g
5 39 kg 200 g » 39, 200 / 39 kg 200 g
6
$$\begin{array}{r} 8\ \text{kg}\ 400\ \text{g} \\ -\ 4\ \text{kg}\ 300\ \text{g} \\ \hline 4\ \text{kg}\ 100\ \text{g} \end{array}$$
» 8 kg 400 g-4 kg 300 g=4 kg 100 g / 4 kg 100 g

1 수조에 부은 물은 3 L보다 700 mL 더 많으므로 3 L 700 mL=3700 mL이다.

2
> **전략**
> 모두 얼마인지 구하려면 덧셈식을 세우자.

(세제의 양)+(샴푸의 양)
=2 L 500 mL+1 L=3 L 500 mL

3
> **전략**
> 남은 양을 구하려면 뺄셈식을 세우자.

(남은 식용유의 양)
=(처음 음식점에 있던 식용유의 양)
-(사용한 식용유의 양)
=8 L 900 mL-2 L 600 mL=6 L 300 mL

5 (정효가 아령을 들고 체중계에 올라가서 잰 무게)
=(정효의 몸무게)+(아령의 무게)
=36 kg 200 g+3 kg=39 kg 200 g

6 (자전거의 무게)-(킥보드의 무게)
=8 kg 400 g-4 kg 300 g=4 kg 100 g

진도책
20

정답과 해설

1 1150 mL

2 2 L 800 mL+2 L 800 mL=5 L 600 mL /
5 L 600 mL

3 5 L−3 L 900 mL=1 L 100 mL /
1 L 100 mL

4 5400 g

5 38 kg 400 g+40 kg 800 g=79 kg 200 g /
79 kg 200 g

6 18 kg 500 g−14 kg 600 g=3 kg 900 g /
3 kg 900 g

7 ⓔ 2000 kg−1580 kg=420 kg / 420 kg

1 세영이가 만든 자몽 에이드는 1 L보다 150 mL 더
많으므로 1 L 150 mL이다.
→ 1 L 150 mL=1150 mL

2 (1분 동안 나오는 물의 양)+(1분 동안 나오는 물의 양)
=2 L 800 mL+2 L 800 mL=5 L 600 mL

3 (남아 있는 물의 양)
=(항아리에 부은 물의 양)−(빠져나간 물의 양)
=5 L−3 L 900 mL=1 L 100 mL

4 책이 담긴 상자의 무게는 5 kg보다 400 g 더 무거
우므로 5 kg 400 g이다.
→ 5 kg 400 g=5400 g

5 (아버지의 몸무게)
=(리원이의 몸무게)+40 kg 800 g
=38 kg 400 g+40 kg 800 g=79 kg 200 g

6 (빈 쌀통의 무게)
=(쌀이 담겨 있는 쌀통의 무게)−(쌀의 무게)
=18 kg 500 g−14 kg 600 g=3 kg 900 g

7 2 t=2000 kg
(트럭에 더 실을 수 있는 무게)
=(트럭에 실을 수 있는 최대 무게)
  −(트럭에 실은 짐의 무게)
=2000 kg−1580 kg=420 kg

문해력 문제 1

전략 − / −

풀이 ❶ 500

❷ 500, 300

❸ 300, 5, 600

답 5 L 600 mL

1-1 4 L 800 mL

1-2 3100 mL

1-3 예준, 410 mL

1-1 전략
들이의 단위가 다를 때에는 단위를 같게 만들어 계산하자.
❶ (사용한 물의 양)
=5300 mL=5 L 300 mL
❷ (사용하고 남은 물의 양)
=8 L 300 mL−5 L 300 mL=3 L
❸ (지금 냄비에 들어 있는 물의 양)
=3 L+1 L 800 mL=4 L 800 mL

1-2 ❶ (사 온 자몽 주스의 양)
=2 L 400 mL+2 L 400 mL
=4 L 800 mL
❷ (남은 자몽 주스의 양)
=4 L 800 mL−1 L 700 mL
=3 L 100 mL
❸ 남은 자몽 주스는 3 L 100 mL=3100 mL이다.

1-3 ❶ (건우가 이틀 동안 마신 물의 양)
=1 L 840 mL+2 L 200 mL
=4 L 40 mL
❷ 2350 mL=2 L 350 mL
(예준이가 이틀 동안 마신 물의 양)
=2 L 100 mL+2 L 350 mL
=4 L 450 mL
❸ 두 사람이 마신 물의 양을 비교하여 차 구하기
4 L 40 mL<4 L 450 mL이므로 예준이가
4 L 450 mL−4 L 40 mL=410 mL
더 많이 마셨다.

정답과 해설

문해력 문제 2

전략 3

풀기 ❶ 400, 700

❷ 700, 2100, 100

답 2 L 100 mL

2-1 1 L 120 mL

2-2 4 L 750 mL

2-3 8분

2-1 ❶ (1초 동안 수도에서 나오는 물의 양)
　　ー(1초 동안 새는 물의 양)
　　(1초 동안 대야에 받아진 물의 양)
　　＝400 mL－120 mL＝280 mL

❷ (4초 동안 대야에 받아진 물의 양)
　　＝280×4＝1120 (mL) ➡ 1 L 120 mL

다르게 풀기

❶ (4초 동안 수도에서 나온 물의 양)
　　＝400×4＝1600 (mL) ➡ 1 L 600 mL

❷ (4초 동안 새는 물의 양)
　　＝120×4＝480 (mL)

❸ (4초 동안 대야에 받아진 물의 양)
　　＝1 L 600 mL－480 mL＝1 L 120 mL

2-2 ❶ 1분은 30초의 2배이다.
　　(1분 동안 수도에서 나오는 물의 양)
　　＝750×2＝1500 (mL)

❷ (1분 동안 세면대에 받아진 물의 양)
　　＝1500 mL－550 mL＝950 mL

❸ (세면대의 들이)
　　＝950×5＝4750 (mL) ➡ 4 L 750 mL

2-3 ❶ 1분＋1분＋1분＝3분임을 이용하여 1분 동안 수도에서 나오는 물의 양 구하기
　　1 L 200 mL＋1 L 200 mL＋1 L 200 mL
　　＝3 L 600 mL
　　이므로 1분 동안 물이 1 L 200 mL씩 나온다.

❷ (1분 동안 수조에 받아지는 물의 양)
　　＝1 L 200 mL－300 mL＝900 mL

❸ 수조의 들이만큼 물을 채우는 데 걸리는 시간 구하기
　　(수조의 들이)＝7 L 200 mL＝7200 mL
　　900×8＝7200 (mL)이므로 적어도 8분이 걸린다.

문해력 문제 3

전략 ー / 찬희, 강아지

풀기 ❶ 36, 700

❷ 36, 700, 32, 200

답 32 kg 200 g

3-1 15 kg 800 g

3-2 1 kg 200 g

3-3 39 kg 240 g

3-1 ❶ (하준이의 몸무게)
　　＝72 kg 800 g－28 kg 500 g
　　＝44 kg 300 g

❷ 하준이는 동생보다
　　44 kg 300 g－28 kg 500 g＝15 kg 800 g
　　더 무겁다.

3-2 ❶ 돼지고기 3근의 무게는 몇 kg 몇 g인지 구하기
　　(돼지고기 3근의 무게)
　　＝600 g＋600 g＋600 g
　　＝1800 g＝1 kg 800 g

❷ (감자 한 봉지의 무게)
　　＝3 kg－1 kg 800 g＝1 kg 200 g

3-3 ❶ (사전 들고 가방 멘 은효 몸무게)－(사전 든 은효 몸무게)
　　(가방의 무게)
　　＝45 kg 80 g－41 kg 800 g＝3 kg 280 g

❷ (가방 멘 은효 몸무게)－(가방의 무게)
　　(은효의 몸무게)
　　＝42 kg 520 g－3 kg 280 g＝39 kg 240 g

다르게 풀기

전략

　　(사전 들고 가방 멘 은효 몸무게)
　ー　　　　(가방 멘 은효 몸무게)
　　　　　(사전의 무게)

❶ (사전의 무게)
　　＝45 kg 80 g－42 kg 520 g＝2 kg 560 g

❷ (사전 든 은효 몸무게)－(사전의 무게)
　　(은효의 몸무게)
　　＝41 kg 800 g－2 kg 560 g＝39 kg 240 g

4주 2일 · 106~107쪽

문해력 문제 4

전략 − / 1

풀기 ❶ 2, 150, 1, 800

❷ 1, 800, 350

답 350 g

4-1 160 g

4-2 300 g

4-3 2 kg 560 g

4-1 **전략**

빈 장바구니의 무게를 구하려면 양배추가 담긴 장바구니의 무게에서 담긴 양배추의 무게를 빼자.

❶ (양배추 1개의 무게)

＝2 kg 360 g－1 kg 260 g＝1 kg 100 g

❷ (양배추 1개가 담긴 장바구니의 무게)

－(양배추 1개의 무게)

(빈 장바구니의 무게)

＝1 kg 260 g－1 kg 100 g＝160 g

4-2 ❶ (배 5개가 담겨 있는 접시의 무게)

－(배 4개가 담겨 있는 접시의 무게)

(배 1개의 무게)

＝4 kg 50 g－3 kg 300 g＝750 g

❷ (배 4개의 무게)＝750×4＝3000 (g) ➡ 3 kg

❸ (배 4개가 담겨 있는 접시의 무게)－(배 4개의 무게)

(빈 접시의 무게)＝3 kg 300 g－3 kg

＝300 g

다르게 풀기

❷ (배 5개의 무게)

＝750×5＝3750 (g) ➡ 3 kg 750 g

❸ (배 5개가 담겨 있는 접시의 무게)

－(배 5개의 무게)

(빈 접시의 무게)

＝4 kg 50 g－3 kg 750 g＝300 g

4-3 ❶ (소고기 2봉지의 무게)

＝4 kg－3 kg 40 g＝960 g

❷ (소고기 1봉지의 무게)＝960÷2＝480 (g)

❸ (소고기 5봉지를 담은 통의 무게)－(소고기 1봉지의 무게)

(소고기 4봉지를 담은 통의 무게)

＝3 kg 40 g－480 g＝2 kg 560 g

4주 3일 · 108~109쪽

문해력 문제 5

전략 −

풀기 ❶ 300, 2, 100

❷ 2, 100, 1, 500

답 1 L 500 mL

5-1 800 mL

5-2 강아지

5-3 7 L 600 mL

문해력 문제 5

❶ (만든 딸기 우유의 양)

＝1 L 800 mL＋300 mL＝2 L 100 mL

❷ (마신 딸기 우유의 양)

＝2 L 100 mL－600 mL＝1 L 500 mL

5-1 ❶ (어항에 담은 물의 양)

＝4 L 500 mL＋1 L 200 mL＝5 L 700 mL

❷ (어항에서 덜어 낸 물의 양)

＝5 L 700 mL－4 L 900 mL＝800 mL

5-2 ❶ 먹기 전의 무게에서 먹은 후의 무게를 빼서 먹은 사료의 무게 구하기

(강아지가 먹은 사료의 무게)

＝15 kg－11 kg 400 g＝3 kg 600 g

(고양이가 먹은 사료의 무게)

＝11 kg 300 g－8 kg 400 g＝2 kg 900 g

❷ 강아지와 고양이가 먹은 사료의 무게 비교하기

3 kg 600 g＞2 kg 900 g이므로

먹은 사료의 무게가 더 무거운 동물은 강아지이다.

5-3 ❶ (넣은 연료의 양)－(100 km를 달리고 남은 연료의 양)

(100 km를 달리는 데 사용한 연료의 양)

＝20 L－13 L 800 mL＝6 L 200 mL

❷ (100 km를 달리고 남은 연료의 양)

－(100 km를 달리는 데 사용한 연료의 양)

(100 km를 더 달린 후 남는 연료의 양)

＝13 L 800 mL－6 L 200 mL

＝7 L 600 mL

문해력 문제 6

전략 ÷

풀이 ❶ 2, 140

❷ 2, 140, 760

❸ 760, 190

답 190 mL

6-1 280 mL   **6-2** 2 kg 10 g

6-1 전략

요구르트 2병과 식혜 3캔의 들이를 2번 더하여
식혜를 6캔으로 만들자.

❶
```
  (요구르트 2병과 식혜 3캔)=1 L 610 mL
+ (요구르트 2병과 식혜 3캔)=1 L 610 mL
  (요구르트 4병과 식혜 6캔)=3 L 220 mL
```

❷
```
  (요구르트 4병과 식혜 6캔)=3 L 220 mL
- (요구르트 1병과 식혜 6캔)=2 L 380 mL
  (요구르트 3병)        =   840 mL
```

❸ (요구르트 1병의 들이)=840÷3=280 (mL)

다르게 풀기

❶ 주어진 두 들이를 더하여
요구르트 3병과 식혜 9캔의 들이의 합 구하기
```
  (요구르트 2병과 식혜 3캔)=1 L 610 mL
+ (요구르트 1병과 식혜 6캔)=2 L 380 mL
  (요구르트 3병과 식혜 9캔)=3 L 990 mL
```

❷ 위 ❶에서 구한 들이를 3으로 나누어
요구르트 1병과 식혜 3캔의 들이의 합 구하기

3 L 990 mL=3990 mL
(요구르트 1병과 식혜 3캔)
=3990÷3=1330 (mL) ➡ 1 L 330 mL

❸
```
  (요구르트 2병과 식혜 3캔)=1 L 610 mL
- (요구르트 1병과 식혜 3캔)=1 L 330 mL
  (요구르트 1병)        =   280 mL
```

6-2 ❶
```
  (오렌지 3개와 사과 1개)=1 kg 290 g
+ (오렌지 2개와 사과 4개)=2 kg  60 g
  (오렌지 5개와 사과 5개)=3 kg 350 g
```

❷ 3 kg 350 g=3350 g
(오렌지 1개와 사과 1개)=3350÷5=670 (g)

❸ (오렌지 3개와 사과 3개)=670×3=2010 (g)
따라서 2010 g=2 kg 10 g이다.

문해력 문제 7

풀이 ❶ 3000

❷ 900 / 76, 1900

❸ 3000, 900, 1900, 200

답 200 kg

7-1 120 kg   **7-2** 3권

7-1 전략

더 실을 수 있는 무게를 구하려면
최대로 실을 수 있는 무게에서 실은 무게를 빼자.

❶ (최대로 실을 수 있는 무게)=2 t=2000 kg

❷ (320 kg짜리 물건 4개의 무게)
=320×4=1280 (kg)
(50 kg짜리 물건 12개의 무게)
=50×12=600 (kg)

❸ (더 실을 수 있는 무게)
=2000 kg-1280 kg-600 kg=120 kg

7-2 전략

500 g짜리 책의 무게의 합은
가방에 더 담을 수 있는 무게보다 무거울 수 없다.

❶ (옷, 노트북, 신발을 담은 가방의 무게)
=3 kg 200 g+3 kg 500 g
+1 kg 300 g+2 kg 400 g
=10 kg 400 g

→ 가방의 무게를 빠뜨리지 말고 더해야 한다.

❷ (가방에 더 담을 수 있는 무게)
=12 kg-10 kg 400 g=1 kg 600 g

❸ 가방에 책을 몇 권까지 더 담을 수 있는지 구하기
1 kg 600 g-500 g-500 g-500 g=100 g
이므로 책을 3권까지 더 담을 수 있다.

다르게 풀기

❶ (가방에 최대로 담을 수 있는 무게)
=12 kg-3 kg 200 g=8 kg 800 g

❷ (가방에 더 담을 수 있는 무게)
=8 kg 800 g-3 kg 500 g-1 kg 300 g
-2 kg 400 g
=1 kg 600 g ➡ 1600 g

❸ 더 담을 수 있는 책의 수를 □권이라 하면
500×□는 1600이거나 1600보다 작아야 하므로
□=1, 2, 3으로 3권까지 더 담을 수 있다.

4주 4일 114 ~ 115 쪽

문해력 문제 8

전략 2 / 10

풀이 ❶ 2, 280 ❷ 280, 35 ❸ 10, 350

답 350 g

8-1 1350 g **8-2** 460 g **8-3** 195 g

8-1 **전략**

(귤 9개의 무게)=(사과 2개의 무게)
↓÷2
(사과 1개의 무게)
↓×5
(사과 5개의 무게)=(멜론 1개의 무게)

❶ (사과 2개의 무게)=$60 \times 9 = 540$ (g)
❷ (사과 1개의 무게)=$540 \div 2 = 270$ (g)
❸ (멜론 1개의 무게)=$270 \times 5 = 1350$ (g)

8-2 **전략**

(참외 1개의 무게)=(무화과 3개의 무게)
↓÷3
(무화과 1개의 무게)
↓×8
(무화과 8개의 무게)=(배 2개의 무게)
↓÷2
(배 1개의 무게)

❶ (무화과 1개의 무게)=$345 \div 3 = 115$ (g)
❷ (무화과 8개의 무게)=$115 \times 8 = 920$ (g)
❸ (배 1개의 무게)=$920 \div 2 = 460$ (g)

8-3 ❶ 빨간 공 2개의 무게는
파란 공 3+3=6(개)의 무게와 같다.
❷ 파란 공 1개의 무게 구하기
파란 공 1개와 빨간 공 2개의 무게의 합은 ┌455 g
파란 공 1+6=7(개)의 무게와 같다.
➡ (파란 공 1개의 무게)=$455 \div 7 = 65$ (g)
❸ (빨간 공 1개의 무게)=$65 \times 3 = 195$ (g)
└ 파란 공 3개의 무게와 같다.

다르게 풀기

❶ (파란 공 1개)+(빨간 공 2개)=455 g이므로
(파란 공 3개)+(빨간 공 6개)
=$455 \times 3 = 1365$ (g)이다.
❷ (파란 공 3개)=(빨간 공 1개)이므로
(빨간 공 7개)=1365 g이다.
❸ (빨간 공 1개)=$1365 \div 7 = 195$ (g)

4주 5일 116 ~ 117 쪽

기출 1

❶ 7, 500

❷ 예 ○−7 kg 500 g이다.

❸ 예 ○+○−7 kg 500 g=55 kg 300 g,
○+○=62 kg 800 g, ○=31 kg 400 g이므로
(형의 몸무게)=31 kg 400 g이다.

❹ 예 (동생의 몸무게)=31 kg 400 g−7 kg 500 g
=23 kg 900 g

답 31 kg 400 g, 23 kg 900 g

기출 2

❶ 적은에 ○표, ㉯ / 4, 6

❷ 예 들이가 가장 적은 그릇은 부은 횟수가 가장 많은
㉮ 그릇이다.
➡ (들이가 가장 적은 그릇의 들이)=$24 \div 12 = 2$ (L)

❸ 예 (㉯ 그릇의 들이)−(㉮ 그릇의 들이)
=$6 L - 2 L = 4 L$

답 4 L

4주 5일 118 ~ 119 쪽

창의 3

❶ 15, 30 /
예 $15 \times 3 = 45$ (mL) / $5 \times 2 = 10$ (mL) /
30 mL + 45 mL + 10 mL = 85 mL

❷ 예 (1인분의 양념 재료의 양)=$85 \div 5 = 17$ (mL)

❸ 예 (80인분의 양념 재료의 양)
=$17 \times 80 = 1360$ (mL) ➡ 1 L 360 mL

답 1 L 360 mL

융합 4

❶ 6 kg 200 g + 8 kg 800 g = 15 kg

❷ 예 (지구에서 잰 하준, 형, 동생의 몸무게의 합)
=$15 \times 6 = 90$ (kg)

❸ 예 (지구에서 하준이와 형이 함께 잰 몸무게)
=90 kg − 7 kg 200 g = 82 kg 800 g

답 82 kg 800 g

정답과 해설

4주 **주말 TEST** **120 ~ 123 쪽**

1 2 L 100 mL	**2** 36 kg 700 g
3 2 L 900 mL	**4** 7 L 360 mL
5 400 g	**6** 1500 kg
7 1680 g	**8** 900 mL
9 1 kg 200 g	**10** 300 mL

1 ❶ (수제비를 만들고 남은 육수의 양)
　　＝5 L 200 mL－1 L 800 mL＝3 L 400 mL
　❷ (된장찌개를 만드는 데 사용한 육수의 양)
　　＝1300 mL＝1 L 300 mL
　❸ (지금 남아 있는 육수의 양)
　　＝3 L 400 mL－1 L 300 mL＝2 L 100 mL

　다르게 풀기
　❶ (된장찌개를 만드는 데 사용한 육수의 양)
　　＝1300 mL＝1 L 300 mL
　❷ (지금 남아 있는 육수의 양)
　　＝5 L 200 mL－1 L 800 mL－1 L 300 mL
　　＝2 L 100 mL

2 ❶ (승연이의 몸무게)
　　＝44 kg 500 g－3 kg 900 g＝40 kg 600 g
　❷ 승연이는 고양이보다
　　40 kg 600 g－3 kg 900 g＝36 kg 700 g
　　더 무겁다.

3 ❶ (만든 분홍색 페인트의 양)
　　＝2 L 600 mL＋1 L 100 mL＝3 L 700 mL
　❷ (창고 벽면에 칠한 분홍색 페인트의 양)
　　＝3 L 700 mL－800 mL＝2 L 900 mL

4 ❶ (1분 동안 욕조에 받아진 물의 양)
　　＝1 L 400 mL－480 mL＝920 mL
　❷ (8분 동안 욕조에 받아진 물의 양)
　　＝920×8＝7360 (mL) ➡ 7 L 360 mL

5 ❶ (수박 1통의 무게)
　　＝16 kg 700 g－8 kg 550 g＝8 kg 150 g
　❷ (빈 상자의 무게)
　　＝8 kg 550 g－8 kg 150 g＝400 g

6 ❶ (최대로 실을 수 있는 무게)＝5 t＝5000 kg
　❷ (40 kg짜리 상자 50개의 무게)
　　＝40×50＝2000 (kg)
　　(50 kg짜리 상자 30개의 무게)
　　＝50×30＝1500 (kg)
　❸ (더 실을 수 있는 무게)
　　＝5000 kg－2000 kg－1500 kg＝1500 kg

7 ❶ 왼쪽 저울에서 (감자 7개의 무게)＝(양파 3개의 무게)
　　(양파 3개의 무게)＝90×7＝630 (g)
　❷ (양파 1개의 무게)＝630÷3＝210 (g)
　❸ 오른쪽 저울에서 (양파 8개의 무게)＝(무 1개의 무게)
　　(무 1개의 무게)＝210×8＝1680 (g)

8 ❶ (받은 뜨거운 물의 양)
　　＝550×4＝2200 (mL) ➡ 2 L 200 mL
　　(받은 차가운 물의 양)
　　＝580×5＝2900 (mL) ➡ 2 L 900 mL
　❷ (더 받아야 하는 물의 양)
　　＝6 L－2 L 200 mL－2 L 900 mL
　　＝900 mL

9 ❶ (게임기 1대의 무게)
　　＝4 kg 400 g－3 kg 600 g＝800 g
　❷ (게임기 3대의 무게)
　　＝800×3＝2400 (g) ➡ 2 kg 400 g
　❸ (빈 통의 무게)
　　＝3 kg 600 g－2 kg 400 g＝1 kg 200 g

　다르게 풀기
　❷ (게임기 4대의 무게)
　　＝800×4＝3200 (g) ➡ 3 kg 200 g
　❸ (빈 통의 무게)
　　＝4 kg 400 g－3 kg 200 g＝1 kg 200 g

10 전략
　生수 1병과 우유 4팩의 들이를 2번 더하여
　생수를 2병으로 만들자.

　❶ 　(생수 1병과 우유 4팩)＝1 L 700 mL
　　＋(생수 1병과 우유 4팩)＝1 L 700 mL
　　──────────────────
　　　(생수 2병과 우유 8팩)＝3 L 400 mL
　❷ 　(생수 2병과 우유 8팩)＝3 L 400 mL
　　－(생수 2병과 우유 5팩)＝2 L 500 mL
　　──────────────────
　　　　　(우유 3팩)＝　　900 mL
　❸ (우유 1팩의 들이)＝900÷3＝300 (mL)

진도책

26

복습책 정답과 해설

1주 곱셈

1주 1일 복습 1~2쪽

1 364개	**2** 520분	**3** 30송이
4 2000 mL	**5** 5590원	
6 아버지, 554 밀리그램		

1 ❶ 토끼, 돼지, 양 한 마리의 다리 수 알아보기
　　토끼, 돼지, 양 한 마리의 다리는 4개이다.
　❷ (전체 동물의 수)
　　$=13+42+36=91(마리)$
　❸ (전체 다리의 수)
　　$=4×91=364(개)$

　다르게 풀기
　❶ (토끼 13마리의 다리 수)$=4×13=52(개)$
　　(돼지 42마리의 다리 수)$=4×42=168(개)$
　　(양 36마리의 다리 수)$=4×36=144(개)$
　❷ (전체 다리의 수)
　　$=52+168+144=364(개)$

2 ❶ (발레를 한 날수)
　　$=5+4+4=13(일)$
　❷ (발레를 한 전체 시간)
　　$=40×13=520(분)$

3 ❶ (졸업하는 전체 어린이 수)
　　$=15+10+14+11=50(명)$
　❷ (필요한 전체 장미의 수)
　　$=3×50=150(송이)$
　❸ (더 필요한 장미의 수)
　　$=150-120=30(송이)$

4 ❶ (일주일 동안 민후네 집에 배달된 우유의 양)
　　$=190×5=950 (mL)$
　❷ (일주일 동안 윤서네 집에 배달된 우유의 양)
　　$=350×3=1050 (mL)$
　❸ (일주일 동안 민후와 윤서네 집에 배달된 우유의 양)
　　$=950+1050=2000 (mL)$

5 ❶ 자몽 한 개의 이익을 구하여 4개를 팔았을 때 이익 구하기
　　(자몽 한 개를 팔았을 때 이익)
　　$=1000-540=460(원)$
　　(자몽 4개를 팔았을 때 이익)
　　$=460×4=1840(원)$
　❷ 복숭아 한 개의 이익을 구하여 5개를 팔았을 때 이익 구하기
　　(복숭아 한 개를 팔았을 때 이익)
　　$=2000-1250=750(원)$
　　(복숭아 5개를 팔았을 때 이익)
　　$=750×5=3750(원)$
　❸ (자몽 4개와 복숭아 5개를 팔았을 때 이익)
　　$=1840+3750=5590(원)$

　참고
　(물건을 팔았을 때의 이익)=(사 온 금액)-(판 금액)

6 ❶ 콜라 24캔의 카페인의 양과 초콜릿 20개의 카페인의 양을 각각 구하여 더하기
　　(콜라 24캔의 카페인의 양)
　　$=24×24=576 (밀리그램)$
　　(초콜릿 20개의 카페인의 양)
　　$=15×20=300 (밀리그램)$
　　(승윤이가 섭취한 카페인의 양)
　　$=576+300=876 (밀리그램)$
　❷ (아버지가 섭취한 카페인의 양)
　　$=65×22=1430 (밀리그램)$
　❸ 섭취한 카페인의 양을 비교하여 차 구하기
　　$876<1430$이므로 아버지가 섭취한 카페인이
　　$1430-876=554 (밀리그램)$ 더 많다.

1주 2일 복습 3~4쪽

1 976문제	**2** 3240분	**3** 2000개
4 14살, 41살	**5** 1000원, 7200원	
6 1500원		

1 ❶ (10월, 11월의 날수)
　　$=31+30=61(일)$
　❷ (푼 전체 수학 문제의 수)
　　$=16×61=976(문제)$

 정답과 해설

2 ❶ (하루에 산책과 스트레칭을 하는 시간)
$=30+15=45$(분)
❷ (7월 1일부터 9월 10일까지의 날수)
$=31+31+10=72$(일)
❸ (산책과 스트레칭을 하는 전체 시간)
$=45\times72=3240$(분)

> **참고**
> (7월 1일부터 31일까지의 날수)=31일
> (8월 1일부터 31일까지의 날수)=31일
> (9월 1일부터 10일까지의 날수)=10일

3 ❶ 1시간은 3분의 몇 배인지 구하기
1시간=60분이므로 1시간은 3분의 20배이다.
❷ (기계 한 대가 1시간 동안 포장하는 라면의 수)
$=20\times20=400$(개)
❸ (기계 5대가 1시간 동안 포장하는 라면의 수)
$=400\times5=2000$(개)

4 ❶

세정이의 나이(살)	11	12	13	14
아버지의 나이(살)	44	43	42	41
두 나이의 곱	484	516	546	574

❷ 세정이의 나이는 14살, 아버지의 나이는 41살이다.

5 ❶ 지우개의 수가 자의 수보다 적으면서 합이 11개가 되도록 표를 만들어 두 수의 곱 구하기

지우개의 수(개)	5	4	3	2
자의 수(개)	6	7	8	9
지우개와 자의 수의 곱	30	28	24	18

❷ 판 지우개는 2개, 자는 9개이다.
❸ (지우개의 값)$=500\times2=1000$(원),
(자의 값)$=800\times9=7200$(원)

6 ❶ 50원짜리 동전 수가 100원짜리 동전 수보다 많으면서 합이 22개가 되도록 표를 만들어 두 동전 수의 곱 구하기

50원짜리 동전의 수(개)	12	13	14
100원짜리 동전의 수(개)	10	9	8
두 동전 수의 곱	120	117	112

❷ 50원짜리 동전은 14개, 100원짜리 동전은 8개이다.
❸ (50원짜리 동전의 금액)$=50\times14=700$(원),
(100원짜리 동전의 금액)$=100\times8=800$(원)
➡ $700+800=1500$(원)

1주 3일 복습 5~6쪽

1 1858 m	**2** 130 m	**3** 734 m
4 582 cm	**5** 5 cm	**6** 20 cm

1 ❶ (버스가 다리를 완전히 건너는 데 달린 거리)
$=934\times2=1868$ (m)
❷ (다리의 길이)$=1868-10=1858$ (m)

2 ❶ 1분 30초$=60$초$+30$초$=90$초
❷ (열차가 터널을 완전히 통과하는 데 달린 거리)
$=22\times90=1980$ (m)
❸ (열차의 길이)$=1980-1850=130$ (m)

3 ❶ 36초는 4초의 9배이므로
(㉮ 기차가 다리를 완전히 건너는 데 달린 거리)
$=80\times9=720$ (m)
❷ (다리의 길이)$=720-120=600$ (m)
❸ (㉯ 기차가 다리를 완전히 건너는 데 달려야 하는 거리)$=600+134=734$ (m)

> **다르게 풀기**
> ❶ (㉮ 기차가 1초에 달리는 거리)$=80\div4=20$ (m)
> (㉮ 기차가 다리를 완전히 건너는 데 달린 거리)
> $=20\times36=720$ (m)

4 ❶ (종이테이프 25장의 길이의 합)
$=30\times25=750$ (cm)
❷ (겹쳐진 부분의 수)$=25-1=24$(군데)
(겹쳐진 부분의 길이의 합)$=7\times24=168$ (cm)
❸ (이어 붙인 종이테이프의 전체 길이)
$=750-168=582$ (cm)

5 ❶ (색 테이프 21장의 길이의 합)
$=48\times21=1008$ (cm)
❷ (겹쳐진 부분의 길이의 합)
$=1008-908=100$ (cm)
❸ (겹쳐진 부분의 수)$=21-1=20$(군데)이고,
겹쳐친 한 부분의 길이를 □ cm라 하면
□$\times20=100$, □$=5$이므로
색 테이프를 5 cm씩 겹쳐서 이어 붙인 것이다.

6 ❶ (겹쳐진 부분의 수)$=32-1=31$(군데)
(겹쳐진 부분의 길이의 합)$=6\times31=186$ (cm)
❷ (종이띠 32장의 길이의 합)
$=454+186=640$ (cm)
❸ 종이띠 한 장의 길이를 □ cm라 하면
□$\times32=640$, □$=20$이므로
종이띠 한 장의 길이는 20 cm이다.

정답과 해설

1 2193	**2** 1920	**3** 3560
4 2장	**5** 16개	**6** 796명

1 ❶ 수영이가 생각한 수를 □라 하면 68−□=25이다.

    ❷ □=68−25=43 ➡ (수영이가 생각한 수)=43

    ❸ 51에 수영이가 생각한 수를 곱하면
      51×43=2193이 된다.

2 ❶ 어떤 수를 □라 하면 잘못 계산한 식은
      12+□=20이다.

    ❷ □=20−12=8 ➡ (어떤 수)=8

    ❸ (바르게 계산한 값)=12×8=96

    ❹ (바르게 계산한 값)×(잘못 계산한 값)
      =96×20=1920

3 ❶ ㉠의 백, 일의 자리 숫자를 서로 바꾼 수를 □라
      하면 □+5=222이다.

    ❷ □=222−5=217

    ❸ ㉠은 217에서 백, 일의 자리 숫자를 서로 바꾼 수
      인 712이다.

    ❹ (바르게 계산한 값)=712×5=3560

4 ❶ (2장씩 55개에 꽂았을 때 어묵의 수)
      =2×55=110(장)

    ❷ (전체 어묵의 수)=110−3=107(장) ← 부족한 어묵의 수를 뺀다.

    ❸ (3장씩 35개에 꽂는 어묵의 수)
      =3×35=105(장)

    ❹ (남는 어묵의 수)=107−105=2(장)

5 ❶ (8개씩 36마리에게 주는 도토리의 수)
      =8×36=288(개)

    ❷ (전체 도토리의 수)=288+11=299(개) ← 남는 도토리의 수를 더한다.

    ❸ (15개씩 21마리에게 주었을 때 도토리의 수)
      =15×21=315(개)

    ❹ (부족한 도토리의 수)=315−299=16(개)

6 ❶ (14명씩 30줄로 선 학생 수)
      =14×30=420(명)

    ❷ (12명씩 32줄로 섰을 때 학생 수)
      =12×32=384(명)

    ❸ (전체 학생 수)=420+384−8=796(명) ← 부족한 학생 수를 뺀다.

1 384	**2** 2904
3 576	**4** 1089

1 ❶ X는 10을 나타내고, Ⅳ는 4를 나타내므로
      XXⅣ는 10+10+4=24를 나타낸다.

    ❷ X는 10을 나타내고, Ⅵ는 6을 나타내므로
      XⅥ는 10+6=16을 나타낸다.

    ❸ (두 수의 곱)=24×16=384

2 ❶ Ⅷ는 8을 나타낸다.

    ❷ X는 10을 나타내고, Ⅰ는 1을 나타내므로
      XⅠ는 10+1=11을 나타낸다.

    ❸ X는 10을 나타내고
      Ⅲ는 3을 나타내므로
      XXXⅢ는 10+10+10+3=33을 나타낸다.

    ❹ (세 수의 곱)=8×11×33
                 =88×33=2904

3 ❶ 같은 자연수 2개의 합은 짝수이므로
      어떤 수는 짝수이다.

    ❷ 같은 자연수 2개의 곱으로 나타낼 수 있는 500보
      다 큰 세 자리 수를 가장 작은 수부터 구하면
      23×23=529, 24×24=576, 25×25=625,
      …이다.

    ❸ 위 ❷에서 구한 세 자리 수 중 가장 작은 짝수는
      576이므로 |조건|을 모두 만족하는 어떤 수 중에
      서 가장 작은 수는 576이다.

4 ❶ 연속된 자연수 2개의 합은 항상 홀수이므로
      어떤 수는 홀수이다.

    ❷ 같은 자연수 2개의 곱으로 나타낼 수 있는 네 자
      리 수를 가장 작은 수부터 구하면
      32×32=1024, 33×33=1089,
      34×34=1156, …이다.

    ❸ 위 ❷에서 구한 네 자리 수 중 가장 작은 홀수는
      1089이므로 |조건|을 모두 만족하는 어떤 수 중에
      서 가장 작은 수는 1089이다.

> 참고
> 15+16=31
> 22+23=45 ➡ 연속된 자연수 2개의 합은 항상
> 40+41=81   홀수이다.
> ⋮

정답과 해설

2주 나눗셈

2주 1일 복습 11 ~ 12 쪽

1 19개	2 13분	3 14명
4 140장	5 144개	6 324 cm

1 ❶ (전체 공의 수)=55+78=133(개)
　❷ (한 상자에 담은 공의 수)=133÷7=19(개)

2 ❶ (접은 하트와 토끼 수의 합)=5+3=8(개)
　❷ 1시간 44분=104분
　　➡ (한 개를 접는 데 걸린 시간)
　　　=104÷8=13(분)

3 ❶ 전체 연필 수 구하기
　　연필 8타는 12×8=96(자루)이므로 전체 연필
　　수는 96+4=100(자루)이다.
　❷ (전체 연필 수)-(남은 연필 수)
　　(학생들이 나누어 가진 연필 수)
　　=100-2=98(자루)
　❸ (나누어 가진 학생 수)=98÷7=14(명)

4 ❶ (긴 변을 잘라 만들 수 있는 명함 수)
　　=90÷9=10(장)
　❷ (짧은 변을 잘라 만들 수 있는 명함 수)
　　=70÷5=14(장)
　❸ (만들 수 있는 전체 명함 수)
　　=10×14=140(장)

5 ❶ 50÷4=12…2이므로 긴 변을 잘라 만들 수 있
　　는 철문은 12개이다.
　❷ 짧은 변을 잘라 만들 수 있는 철문은
　　24÷2=12(개)이다.
　❸ 철문을 12×12=144(개)까지 만들 수 있다.

6 ❶ 도마의 짧은 변의 길이는 나무 판자의 한 변을 똑
　　같이 4로 나눈 길이와 같다.
　　(도마의 짧은 변의 길이)=216÷4=54 (cm)
　❷ 도마의 긴 변의 길이는 나무판자의 한 변을 똑같
　　이 2로 나눈 길이와 같다.
　　(도마의 긴 변의 길이)=216÷2=108 (cm)
　❸ (도마 하나의 네 변의 길이의 합)
　　=54+108+54+108=324 (cm)

2주 2일 복습 13 ~ 14 쪽

1 42봉지	2 87개	3 21개
4 29그루	5 34개	6 24개

1 ❶ (전체 도넛 수)=8×16=16×8=128(개)
　❷ 128÷3=42…2이므로 나누어 줄 수 있는 도넛
　　은 42봉지이다.

2 ❶ (전체 귤 수)=24×18=432(개)
　❷ 432÷5=86…2
　　➡ 봉지 86개에 담고 귤 2개가 남는다.
　　　남는 귤도 담아야 하므로 필요한 봉지는 적어
　　　도 86+1=87(개)이다.

3 ❶ 2 m=200 cm이고 200÷9=22…2이므로
　　9 cm씩 잘랐을 때 생기는 파란색 끈은 22도막이다.
　❷ 1 m 95 cm=195 cm이고 195÷9=21…6이
　　므로 9 cm씩 잘랐을 때 생기는 분홍색 끈은
　　21도막이다.
　❸ 파란색 끈과 분홍색 끈을 같은 수만큼 사용해야
　　하므로 노리개 매듭은 21개까지 만들 수 있다.

4 ❶ (간격의 수)=84÷3=28(군데)
　❷ (심은 나무의 수)=28+1=29(그루)
> 참고
> (심은 나무의 수)=(간격의 수)+1

5 ❶ (간격의 수)=112÷7=16(군데)
　❷ (도로 한쪽에 필요한 깃발의 수)
　　=16+1=17(개)
　❸ (도로 양쪽에 필요한 깃발의 수)
　　=17×2=34(개)

6 ❶ (목장의 네 변의 길이의 합)
　　=18+18+18+18=72 (m)
　❷ (간격의 수)=72÷3=24(군데)
　❸ (필요한 쇠막대의 수)=(간격의 수)=24개
> 참고
> 정사각형 모양의 목장의 네 변의 길이의 합은 시작과 끝
> 이 같고 이어진 길이이므로 쇠막대 사이의 간격의 수와
> 필요한 쇠막대의 수가 같다.

정답과 해설

1 23개, 3개	**2** 3개	**3** 2묶음
4 88개	**5** 72	**6** 21층

1 ❶ (전체 초콜릿 수)=15×14=210(개)

❷ 210÷9=23…3이므로 한 명에게 23개씩 줄 수 있고, 초콜릿 3개가 남는다.

> **참고**
> (전체 초콜릿 수)÷(사람 수)=● … ▲
>   한 명에게 줄 수 ↗   ↖ 남은 초콜릿 수
>   있는 초콜릿 수

2 ❶ (전체 구슬 수)=36+29=65(개)

❷ 65÷4=16…1이므로 한 상자에 16개씩 담고, 구슬 1개가 남는다.

❸ 남는 것 없이 4상자에 똑같이 나누어 담아야 하므로 구슬은 적어도 4-1=3(개) 더 필요하다.

3 ❶ 120÷7=17…1이므로 한 모둠에 17권씩 주고, 1권이 남는다.

❷ 7개의 모둠에 똑같이 나누어 주어야 하므로 적어도 공책은 7-1=6(권) 더 필요하다.

❸ 공책을 3권씩 묶음으로만 팔므로 적어도 6÷3=2(묶음) 더 사야 한다.

4 ❶ 50보다 크고 90보다 작은 수 중에서 8로 나누어떨어지는 수: 56, 64, 72, 80, 88

❷ 위 ❶에서 구한 수 중에서 5로 나누었을 때 나머지가 3인 수: 88
→ 지우개는 모두 88개이다.

5 ❶ 9로 나누어떨어지는 두 자리 수: 18, 27, 36, 45, 54, 63, 72, 81, 90, 99

❷ 위 ❶에서 구한 수 중에서 4로 나누어떨어지는 수: 36, 72

❸ 9와 4로 나누었을 때 모두 나누어떨어지는 가장 큰 두 자리 수: 72

6 ❶ 50보다 크고 100보다 작은 수 중에서 7로 나누어떨어지는 수: 56, 63, 70, 77, 84, 91, 98

❷ 위 ❶에서 구한 수 중에서 십의 자리 수가 일의 자리 수보다 4만큼 더 큰 수는 84이므로 성냥개비는 84개이다.

❸ (탑의 층수)=84÷4=21(층)

1 35도막	**2** 22, 1
3 303, 2	**4** 24 cm, 48 cm
5 32 cm	**6** 48 cm

1 ❶ 자르기 전의 털실의 길이를 □ cm라 하면 □÷8=26…2이다.

❷ 8×26=208, 208+2=210, □=210
➡ 자르기 전의 털실의 길이는 210 cm이다.

❸ (6 cm씩 자른 도막 수)=210÷6=35(도막)

2 ❶ 어떤 수를 □라 하면 □÷5=13…2이다.

❷ 5×13=65, 65+2=67, □=67
➡ 어떤 수는 67이다.

❸ 67÷3=22…1이므로 몫은 22, 나머지는 1이다.

3 ❶ 나머지가 될 수 있는 가장 큰 자연수는 8-1=7이다.

❷ 어떤 수를 □라 하면 잘못 계산한 나눗셈식은 □÷8=113…7이다.

❸ 8×113=113×8=904, 904+7=911, □=911 ➡ 어떤 수는 911이다.

❹ 바르게 계산하면 911÷3=303…2이므로 몫은 303이고 나머지는 2이다.

4 ❶ 짧은 도막의 길이를 □ cm라 하면 긴 도막의 길이는 (□×2) cm이다.

❷ 두 도막의 길이의 합을 식으로 나타내 계산하기
□×2+□=72, □×3=72,
□=72÷3=24
➡ 짧은 도막의 길이는 24 cm이다.

❸ (긴 도막의 길이)=24×2=48 (cm)

5 ❶ (긴 변)+(짧은 변)=96÷2=48 (cm)

❷ 긴 변의 길이의 반이 짧은 변의 길이이므로 짧은 변의 길이를 □ cm라 하면 긴 변의 길이는 (□×2) cm이다.

❸ □×2+□=48, □×3=48,
□=48÷3=16
➡ 짧은 변의 길이는 16 cm이다.

❹ (긴 변)=16×2=32 (cm)

6 ❶ 짧은 도막의 길이를 □cm라 하면
   긴 도막의 길이는 (□×4) cm이다.
 ❷ 짧은 도막과 긴 도막의 길이의 합을 식으로 나타내 짧은
   도막의 길이 구하기
     □+□×4=180, □×5=180,
     □=180÷5=36
     ➡ 짧은 도막의 길이는 36 cm이다.
 ❸ (긴 도막의 길이)=36×4
             =144 (cm)
 ❹ (삼각형의 한 변의 길이)=144÷3
                 =48 (cm)

2주 5일 복습 **19~20쪽**

1 269	**2** 100
3 89	**4** 33

1 ❶ 5로 나누었을 때의 나머지의 규칙을 찾아본다.
     72÷5=14…2, 73÷5=14…3,
     74÷5=14…4, 75÷5=15,
     76÷5=15…1, 77÷5=15…2, …
     ➡ 나머지는 2, 3, 4, 0, 1로 5개의 수가 반복된다.
 ❷ 72부터 205까지 수의 개수는 134개이다.
   134÷5=26…4이므로 5개의 나머지가 26번 반
   복되고 2, 3, 4, 0이 차례로 나온다.
 ❸ 72부터 205까지의 수를 5로 나눈 나머지의 합을
   구하면 2+3+4+0+1=10, 10×26=260,
   260+2+3+4+0=269이다.

2 ❶ 6으로 나누었을 때의 나머지의 규칙을 찾아본다.
     100÷6=16…4, 102÷6=17,
     104÷6=17…2, 106÷6=17…4,
     108÷6=18, 110÷6=18…2,
     112÷6=18…4, 114÷6=19, …
     ➡ 나머지는 4, 0, 2로 3개의 수가 반복된다.
 ❷ 100부터 198까지 짝수의 개수는 50개이다.
   50÷3=16…2이므로 3개의 나머지가 16번 반
   복되고 4, 0이 차례로 나온다.
 ❸ 100부터 198까지의 짝수를 6으로 나눈 나머지의
   합을 구하면 4+0+2=6, 6×16=96,
   96+4+0=100이다.

3 ❶ ■÷6=▲…5를 만족하는 ■의 값을 모두 구한다.
   6으로 나누어떨어지는 두 자리 수는 12, 18, 24,
   30, 36, 42, 48, 54, 60, 66, 72, 78, 84, 90,
   96이고, 이 수에 5를 더했을 때 80보다 큰 두 자
   리 수는 다음과 같다.
     ➡ 83, 89, 95
 ❷ ■÷4=◆…1을 만족하는 ■의 값을 모두 구한다.
   4로 나누어떨어지는 두 자리 수는 12, 16, 20,
   24, 28, 32, 36, 40, 44, 48, 52, 56, 60, 64,
   68, 72, 76, 80, 84, 88, 92, 96이고, 이 수에 1
   을 더했을 때 80보다 큰 두 자리 수는 다음과 같다.
     ➡ 81, 85, 89, 93, 97
 ❸ 위 ❶, ❷를 모두 만족하는 ■의 값은 89이다.

4 ❶ ■÷7=▲…5를 만족하는 ■의 값을 모두 구한다.
   7로 나누어떨어지는 수는 7, 14, 21, 28, 35,
   42, 49, 56, 63, 70, 77, 84, 91, 98, …이고,
   이 수에 5를 더했을 때 50보다 작은 두 자리 수
   는 다음과 같다. ➡ 12, 19, 26, 33, 40, 47
 ❷ ■÷5=◆…3을 만족하는 ■의 값을 모두 구한다.
   5로 나누어떨어지는 수는 5, 10, 15, 20, 25,
   30, 35, 40, 45, 50, 55, 60, 65, 70, 75, 80,
   85, 90, 95, …이고, 이 수에 3을 더했을 때 50
   보다 작은 두 자리 수는 다음과 같다.
     ➡ 13, 18, 23, 28, 33, 38, 43, 48
 ❸ 위 ❶, ❷를 모두 만족하는 ■의 값은 33이다.

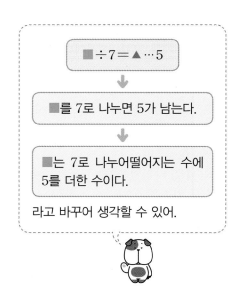

■÷7=▲…5

■를 7로 나누면 5가 남는다.

■는 7로 나누어떨어지는 수에 5를 더한 수이다.

라고 바꾸어 생각할 수 있어.

정답과 해설

3주 1일 복습 · 21 ~ 22 쪽

1 16일	**2** 지우, 4개	**3** 12그릇
4 5 L	**5** 16그루	**6** 호박죽

1 ❶ (수영 학원을 간 날수)

$$=30일의 \frac{1}{3}=10일$$

❷ (태권도 학원을 간 날수)

$$=30일의 \frac{1}{5}=6일$$

❸ (수영과 태권도 학원을 간 날수)

$$=10+6=16(일)$$

2 ❶ (지우가 먹은 소시지의 수)

$$=32개의 \frac{3}{8}=12개$$

❷ (동재가 먹은 소시지의 수)

$$=28개의 \frac{4}{7}=16개$$

❸ 먹은 소시지의 수를 비교하여 차 구하기

12개<16개이므로 지우가 먹은 소시지가

16-12=4(개) 더 적다.

> **주의**
> 지우가 산 소시지 한 봉지와 동재가 산 소시지 한 봉지에 들어 있는 소시지의 수가 서로 다름에 주의한다.

3

> **전략**
> 자장면의 수가 36그릇으로 주어져 있으므로 먼저 볶음밥의 수를 구한 후 우동의 수를 구하자.

❶ (볶음밥의 수)

$$=36그릇의 \frac{4}{9}=16그릇$$

❷ (우동의 수)

$$=16그릇의 \frac{1}{2}=8그릇$$

❸ 짬뽕은 우동보다 20-8=12(그릇) 더 많이 팔렸다.

4 ❶ (만든 갈색 페인트의 양)

$$=9+6=15 (L)$$

❷ (사용한 갈색 페인트의 양)

$$=15 L의 \frac{2}{3}=10 L$$

❸ (남은 갈색 페인트의 양)

$$=15-10=5 (L)$$

> **다르게 풀기**

❷ 남은 갈색 페인트: 만든 갈색 페인트의 $\frac{1}{3}$

❸ (남은 갈색 페인트의 양)

$$=15 L의 \frac{1}{3}=5 L$$

5 ❶ (소나무의 수)

$$=56그루의 \frac{2}{7}=16그루$$

❷ (소나무를 뺀 나무의 수)

$$=56-16=40(그루)$$

❸ (단풍나무의 수)

$$=40그루의 \frac{3}{5}=24그루$$

❹ (벚나무의 수)=40-24=16(그루)

> **다르게 풀기**

❶ 소나무를 뺀 나무: 전체의 $\frac{5}{7}$

❷ (소나무를 뺀 나무의 수)

$$=56그루의 \frac{5}{7}=40그루$$

❸ 벚나무: 소나무를 뺀 나무의 $\frac{2}{5}$

❹ (벚나무의 수)

$$=40그루의 \frac{2}{5}=16그루$$

6 ❶ (바나나의 탄수화물의 양)

$$=24 g의 \frac{7}{8}=21 g$$

❷ (호박죽의 탄수화물의 양)

$$=120-21-24-60=15 (g)$$

❸ 15<21<24<60이므로

탄수화물이 가장 적은 음식은 호박죽이다.

3주 2일 복습 **23 ~ 24 쪽**

1 $\dfrac{2}{7}$	**2** $2\dfrac{3}{4}$	**3** $3\dfrac{5}{9}$
4 3 kg	**5** 45	**6** 76대

1 ❶ 진분수이므로 분자는 분모보다 작다.
❷ 분자와 분모의 합이 9가 되도록 표를 만들어 차 구하기

분자	1	2	3	4
분모	8	7	6	5
분자와 분모의 차	7	5	3	1

❸ 구하려는 진분수: $\dfrac{2}{7}$

2 ❶ 가분수이므로 분자는 분모와 같거나 분모보다 크다.
❷ 분자와 분모의 합이 15가 되도록 표를 만들어 차 구하기

분자	14	13	12	11	10	9	8
분모	1	2	3	4	5	6	7
분자와 분모의 차	13	11	9	7	5	3	1

❸ 구하려는 가분수: $\dfrac{11}{4}$

➡ $\dfrac{11}{4}$ 을 대분수로 나타내면 $2\dfrac{3}{4}$ 이다.

3 ❶ 3보다 크고 4보다 작은 대분수이므로
자연수 부분은 3이고,
분수 부분은 진분수이므로 분자는 분모보다 작다.
❷ 분자와 분모의 합이 14가 되도록 표를 만들어 차 구하기

분자	1	2	3	4	5	6
분모	13	12	11	10	9	8
분자와 분모의 차	12	10	8	6	4	2

❸ 구하려는 대분수: $3\dfrac{5}{9}$

4
> 전략
> 전체의 $\dfrac{1}{6}$ 이 □이면 전체는 (□×6)이다.

❶ (소금 전체의 $\dfrac{1}{6}$ 만큼의 무게)
　＝45－38＝7 (kg)
❷ (소금 전체의 무게)＝7×6＝42 (kg)
❸ (빈 통의 무게)＝45－42＝3 (kg)

5 ❶ (어떤 수의 $\dfrac{1}{9}$)＝24÷4＝6
❷ (어떤 수)＝6×9＝54
❸ (어떤 수의 $\dfrac{5}{6}$)＝54의 $\dfrac{5}{6}$＝45

6 ❶ 1동에 놓고 남은 소화기의 $\dfrac{3}{7}$ 은 21대이다.
❷ (1동에 놓고 남은 소화기의 $\dfrac{1}{7}$)
　＝21÷3＝7(대)
❸ (1동에 놓고 남은 소화기의 수)
　＝7×7＝49(대)
❹ (관리사무소에서 구입한 소화기의 수)
　＝49＋27＝76(대)

3주 3일 복습 **25 ~ 26 쪽**

1 48 cm	**2** 20 cm	
3 13개	**4** 12 cm	**5** 46 cm

1 ❶ 가장 큰 원의 지름이 바로 전의 가장 큰 원의 지름의 2배가 되는 규칙이다.
❷ (2번째에서 가장 큰 원의 지름)
　＝6×2＝12 (cm)
　(3번째에서 가장 큰 원의 지름)
　＝12×2＝24 (cm)
　(4번째에서 가장 큰 원의 지름)
　＝24×2＝48 (cm)
　(5번째에서 가장 큰 원의 지름)
　＝48×2＝96 (cm)
❸ (5번째에서 가장 큰 원의 반지름)
　＝96÷2＝48 (cm)

2 ❶ 작은 원의 지름이 2 cm씩 줄어드는 규칙이다.
❷ (4번째에 그리는 작은 원의 지름)
　＝8－2＝6 (cm)
　(5번째에 그리는 작은 원의 지름)
　＝6－2＝4 (cm)
❸ (큰 원의 지름)＝12＋10＋8＋6＋4＝40 (cm)
　(큰 원의 반지름)＝40÷2＝20 (cm)

3

> **전략**
> 선분 ㄱㄴ의 길이가 원의 반지름의 ○배이면 그린 원은 (○−1)개이다.

❶ (원의 반지름)=10÷2=5 (cm)
❷ 선분 ㄱㄴ의 길이는 원의 반지름의 70÷5=14(배)이다.
❸ (그린 원의 수)=14−1=13(개)

4 ❶ 큰 원의 지름은 작은 원의 반지름의 10배이다.
❷ (작은 원의 반지름)=60÷10=6 (cm)
❸ (작은 원의 지름)=6×2=12 (cm)

5 ❶ (고리 안쪽의 지름)=5×2=10 (cm)
❷ 선분 ㄱㄴ의 길이는 고리 안쪽 지름의 4배보다 3+3=6 (cm) 더 길다.
❸ 고리 안쪽 지름의 4배는 10×4=40 (cm)이므로 (선분 ㄱㄴ)=40+6=46 (cm)이다.

> **참고**
>
>
>
> 고리 안쪽 지름: 10 cm

2 ❶ 그린 도형에는 길이가 12+12=24 (mm)인 변이 2개, 12+9=21 (mm)인 변이 2개, 9+9=18 (mm)인 변이 1개 있다.
❷ (도형의 모든 변의 길이의 합)
=24+24+21+21+18=108 (mm)

3 ❶ 점 ㄱ, 점 ㄴ, 점 ㄷ을 중심으로 하는 원의 반지름을 각각 □ cm, ○ cm, △ cm라 하면 □+○+○+9+△+□+△=83이다.
❷ □+○+△+□+○+△=74이고 □+○+△=37이므로 세 원의 반지름의 합은 37 cm이다.

> **참고**
> 삼각형 ㄱㄴㄷ의 세 변에는 □ cm가 2개, ○ cm가 2개, △ cm가 2개 그리고 9 cm가 있으므로 □+□+○+○+△+△=83−9=74가 된다.

4 ❶ (도넛 바깥쪽의 지름)
=4×2=8 (cm)
❷ 상자의 네 변의 길이의 합은 도넛 바깥쪽 지름의 10배와 같다.
❸ (상자의 네 변의 길이의 합)
=8×10=80 (cm)

5 ❶ (원의 지름)=7×2=14 (cm)
❷ 초록색 도형의 모든 변의 길이의 합은 원의 지름의 16배와 같다.
❸ (초록색 도형의 모든 변의 길이의 합)
=14×16=224 (cm)

3주 4일 복습 **27~28**쪽

1 57 cm	**2** 108 mm	**3** 37 cm
4 80 cm	**5** 224 cm	**6** 168 cm

1 ❶ (변 ㄱㄴ)=8+5+7=20 (cm)
(변 ㄴㄷ)=7+6+8=21 (cm)
(변 ㄱㄷ)=8+8=16 (cm)
❷ (삼각형 ㄱㄴㄷ의 세 변의 길이의 합)
=20+21+16=57 (cm)

6 ❶ (원의 반지름)=12÷2=6 (cm)
❷ 직사각형의 네 변의 길이의 합은 원의 반지름의 28배와 같다.
❸ (직사각형의 네 변의 길이의 합)
=6×28=168 (cm)

> **참고**
> 직사각형의 가로는 원의 반지름의 12배와 같고, 세로는 원의 반지름의 2배와 같다.

3주 5일 복습

1 $\dfrac{55}{3}$　　　　**2** $6\dfrac{5}{6}$, $10\dfrac{2}{6}$

3 8 cm　　　　　**4** 6 cm

1 ❶ 자연수 부분이 같은 대분수가 작은 수부터 순서대로 2개씩 놓여 있고, 자연수 부분은 1, 2, 3, … 으로 1씩 커지는 규칙이다.

❷ $35÷2=17\cdots1$ ➡ 34번째까지는 자연수 부분이 1부터 17까지인 대분수가 놓인다.

따라서 35번째에 놓일 대분수는 $18\dfrac{1}{3}$이다.

❸ $18\dfrac{1}{3}$을 가분수로 나타내면 $\dfrac{55}{3}$이다.

2 ❶ 자연수 부분이 같은 대분수가 작은 수부터 순서대로 5개씩 놓여 있고, 자연수 부분은 1, 2, 3, … 으로 1씩 커지는 규칙이다.

❷ $30÷5=6$ ➡ 30번째까지는 자연수 부분이 1부터 6까지인 대분수가 놓인다.

따라서 30번째에 놓일 대분수는 $6\dfrac{5}{6}$이다.

❸ $47÷5=9\cdots2$ ➡ 45번째까지는 자연수 부분이 1부터 9까지인 대분수가 놓인다.

따라서 46번째: $10\dfrac{1}{6}$, 47번째: $10\dfrac{2}{6}$이다.

3 ❶ (직사각형 ㄱㄴㄷㄹ의 가로와 세로의 길이의 합)

$=64÷2=32$ (cm)

(변 ㄱㄴ)$=32-20=12$ (cm)

❷ (점 ㄴ을 중심으로 하는 원의 반지름)$=12$ cm

(점 ㄷ을 중심으로 하는 원의 반지름)

$=20-12=8$ (cm)

(점 ㄹ을 중심으로 하는 원의 반지름)

$=12-8=4$ (cm)

❸ (점 ㄹ을 중심으로 하는 원의 지름)

$=4×2=8$ (cm)

4 ❶ (점 ㄱ을 중심으로 하는 큰 원의 반지름)$=24$ cm

(직사각형 ㄱㄴㄷㄹ의 가로)$=24+9=33$ (cm)

❷ (점 ㄷ을 중심으로 하는 원의 반지름)

$=24-9=15$ (cm)

(점 ㄴ을 중심으로 하는 원의 반지름)

$=33-15=18$ (cm)

❸ (점 ㄱ을 중심으로 하는 작은 원의 반지름)

$=24-18=6$ (cm)

4주 들이와 무게

4주 1일 복습

1 2 L 700 mL　　　**2** 훈재, 180 mL

3 32 L 400 mL　　　**4** 2 L 460 mL

5 16분　　　　　　**6** 115 L

1 **전략**

들이의 단위가 다를 때에는 단위를 같게 만들어 계산하자.

❶ (냉장고에 있던 주스의 양)

$=2$ L 100 mL$+2$ L 100 mL$=4$ L 200 mL

❷ (마신 주스의 양)

$=1500$ mL$=1$ L 500 mL

❸ (남은 주스의 양)

$=4$ L 200 mL-1 L 500 mL$=2$ L 700 mL

2 ❶ (훈재가 산 음료의 양)

$=1400$ mL$+720$ mL$=2120$ mL

➡ 2 L 120 mL

❷ (동현이가 산 음료의 양)

$=500$ mL$+1$ L 800 mL$=2$ L 300 mL

❸ 두 사람이 산 음료의 양을 비교하여 차 구하기

2 L 120 mL$<$2 L 300 mL이므로 훈재가 산 음료가 2 L 300 mL$-$2 L 120 mL$=180$ mL 더 적다.

3 ❶ (쌀 2되의 양)

$=1$ L 800 mL$+1$ L 800 mL$=3$ L 600 mL

❷ (뻥튀기 2말의 양)

$=18$ L$+18$ L$=36$ L

❸ 뻥튀기 2말은 쌀 2되보다

36 L$-$3 L 600 mL$=32$ L 400 mL 더 많다.

4 ❶ (1초 동안 어항에 받아진 물의 양)

$=560$ mL-150 mL$=410$ mL

❷ (6초 동안 어항에 받아진 물의 양)

$=410×6=2460$ (mL) ➡ 2 L 460 mL

5 ❶ 1분＋1분＝2분임을 이용하여
1분 동안 수도에서 나오는 물의 양 구하기
5 L 200 mL＋5 L 200 mL＝10 L 400 mL
이므로 1분 동안 물이 5 L 200 mL씩 나온다.
❷ (1분 동안 욕조에 받아지는 물의 양)
＝5 L 200 mL－200 mL＝5 L
❸ (욕조에 물을 가득 채우는 데 걸리는 시간)
＝80÷5＝16(분)

6 ❶ 1분은 20초의 3배이다.
(1분 동안 수도에서 나오는 물의 양)
＝5×3＝15 (L)
❷ (1분 동안 수영장에 받아진 물의 양)
＝15－6＝9 (L)
❸ (15분 동안 받을 수 있는 물의 양)
＝9×15＝135 (L)
❹ (수영장의 들이)
＝135 L－20 L＝115 L

4주 2일 복습 **33~34쪽**

1 29 kg 900 g	**2** 5 kg 800 g	**3** 80 kg 900 g
4 2 kg 400 g	**5** 500 g	**6** 3 kg 380 g

1 ❶ (승연이의 몸무게)
＝35 kg 300 g－2 kg 700 g＝32 kg 600 g
❷ 승연이는 강아지보다
32 kg 600 g－2 kg 700 g＝29 kg 900 g
더 무겁다.

2 ❶ (수박과 멜론을 든 아버지 몸무게)－(수박과 멜론의 무게)
(아버지의 몸무게)
＝82 kg 400 g－7 kg 900 g＝74 kg 500 g
❷ (수박을 든 아버지 몸무게)－(아버지 몸무게)
(수박의 무게)
＝80 kg 300 g－74 kg 500 g＝5 kg 800 g

다르게 풀기
❶   (아버지)＋(수박)   ＝80 kg 300 g
   ＋   (수박)   ＋(멜론)＝ 7 kg 900 g
   ─────────────────────────────
   (아버지)＋(수박＋수박)＋(멜론)＝88 kg 200 g
❷   (아버지)＋(수박＋수박)＋(멜론)＝88 kg 200 g
   － (아버지)＋(수박)   ＋(멜론)＝82 kg 400 g
   ─────────────────────────────
              (수박)   ＝ 5 kg 800 g

3 ❶ (승하의 몸무게)＝(시우의 몸무게)＋2 kg 100 g
➡ (시우의 몸무게)＝(승하의 몸무게)－2 kg 100 g
(시우의 몸무게)
＝42 kg 300 g－2 kg 100 g＝40 kg 200 g
❷ (희재의 몸무게)＝(승하의 몸무게)－1 kg 600 g
(희재의 몸무게)
＝42 kg 300 g－1 kg 600 g＝40 kg 700 g
❸ (시우와 희재의 몸무게의 합)
＝40 kg 200 g＋40 kg 700 g
＝80 kg 900 g

4 ❶ (책 2권의 무게)
＝7 kg 400 g－4 kg 900 g＝2 kg 500 g
❷ (책 2권이 꽂힌 책꽂이의 무게)－(책 2권의 무게)
(빈 책꽂이의 무게)
＝4 kg 900 g－2 kg 500 g＝2 kg 400 g

5 전략
(토마토 9개가 담긴 바구니의 무게)＝2 kg 300 g
(토마토 10개가 담긴 바구니의 무게)＝2 kg 500 g
➡ 두 무게의 차가 토마토 1개의 무게이다.

❶ (토마토 1개의 무게)
＝2 kg 500 g－2 kg 300 g＝200 g
❷ (토마토 9개의 무게)＝200×9＝1800 (g)
➡ 1 kg 800 g
❸ (토마토 9개가 담긴 바구니의 무게)－(토마토 9개의 무게)
(빈 바구니의 무게)
＝2 kg 300 g－1 kg 800 g＝500 g

다르게 풀기
❷ (토마토 10개의 무게)＝2000 g＝2 kg
❸ (토마토 10개가 담긴 바구니의 무게)
－(토마토 10개의 무게)
(빈 바구니의 무게)
＝2 kg 500 g－2 kg＝500 g

6 전략
3 kg 60 g은 인형 5＋3＝8(개)가 담긴 상자의 무게이므로
여기에 인형 1개의 무게를 더해서 인형 9개를 담은 상자의
무게를 구하자.

❶ (인형 3개의 무게)
＝3 kg 60 g－2 kg 100 g＝960 g
❷ (인형 1개의 무게)
＝960÷3＝320 (g)
❸ (인형 9개를 담은 상자의 무게)
＝3 kg 60 g＋320 g＝3 kg 380 g

4주 3일 복습　35~36쪽

1 3 L 300 mL	**2** 포도 주스	**3** 8 L 700 mL
4 320 mL	**5** 3 kg 850 g	

1 ❶ (전체 맛간장의 양)
　＝2 L＋3 L 200 mL＝5 L 200 mL
❷ (사용한 맛간장의 양)
　＝5 L 200 mL－1 L 900 mL＝3 L 300 mL

2 ❶ (나누어 준 포도 주스의 양)
　＝7 L 500 mL－2 L 300 mL＝5 L 200 mL
(나누어 준 사과 주스의 양)
　＝5 L－600 mL＝4 L 400 mL
❷ 나누어 준 주스의 양 비교하기
5 L 200 mL＞4 L 400 mL이므로
나누어 준 양이 더 많은 것은 포도 주스이다.

3 ❶ (넣은 연료의 양)
　－(200 km를 달리고 남은 연료의 양)
(200 km를 달리는 데 사용한 연료의 양)
　＝30 L－15 L 800 mL＝14 L 200 mL
❷ 14 L 200 mL＝7 L 100 mL＋7 L 100 mL
　➡ 100 km를 달리는 데 사용한 연료는
　　7 L 100 mL이다.
❸ (200 km를 달리고 남은 연료의 양)
　－(100 km를 달리는 데 사용한 연료의 양)
(100 km를 더 달린 후 남는 연료의 양)
　＝15 L 800 mL－7 L 100 mL
　＝8 L 700 mL

4 　전략
우유 3컵과 주스 1컵의 들이를 2번 더하여 우유를 6컵으로 만들자.

❶ 　(우유 3컵과 주스 1컵)＝1 L 40 mL
　＋(우유 3컵과 주스 1컵)＝1 L 40 mL
　　(우유 6컵과 주스 2컵)＝2 L 80 mL
❷ 　(우유 6컵과 주스 5컵)＝3 L 40 mL
　－(우유 6컵과 주스 2컵)＝2 L 80 mL
　　　　　(주스 3컵)＝　　960 mL
❸ (주스 1컵의 들이)＝960÷3＝320 (mL)

다르게 풀기
❶ 주어진 두 들이의 차를 구하여 우유를 3컵으로 만들기
　(우유 6컵과 주스 5컵)＝3 L 40 mL
　－(우유 3컵과 주스 1컵)＝1 L 40 mL
　　(우유 3컵과 주스 4컵)＝2 L
❷ 　(우유 3컵과 주스 4컵)＝2 L
　－(우유 3컵과 주스 1컵)＝1 L 40 mL
　　　　(주스 3컵)＝　　960 mL
❸ (주스 1컵의 들이)＝960÷3＝320 (mL)

5 ❶ 주어진 두 무게를 더하여
밥그릇 6개와 국그릇 6개의 무게의 합 구하기
　(밥그릇 2개와 국그릇 5개)＝2 kg 800 g
　＋(밥그릇 4개와 국그릇 1개)＝1 kg 820 g
　　(밥그릇 6개와 국그릇 6개)＝4 kg 620 g
❷ 위 ❶에서 구한 무게를 6으로 나누어
밥그릇 1개와 국그릇 1개의 무게의 합 구하기
4 kg 620 g＝4620 g
(밥그릇 1개와 국그릇 1개)
　＝4620÷6＝770 (g)
❸ (밥그릇 5개와 국그릇 5개)
　＝770×5＝3850 (g) ➡ 3 kg 850 g

4주 4일 복습　37~38쪽

1 400 kg	**2** 4 L 550 mL	**3** 540 kg
4 720 g	**5** 175 g	**6** 280 g

1 ❶ (최대로 실을 수 있는 무게)
　＝4 t－2 t＝2 t ➡ 2000 kg
❷ (20 kg짜리 사과 상자 80개의 무게)
　＝20×80＝1600 (kg)
❸ (더 실을 수 있는 무게)
　＝2000 kg－1600 kg＝400 kg

2 ❶ (가 수도로 받은 물의 양)
　＝500×9＝4500 (mL) ➡ 4 L 500 mL
(나 수도로 받은 물의 양)
　＝850×7＝5950 (mL) ➡ 5 L 950 mL
❷ (더 받아야 하는 물의 양)
　＝15 L－4 L 500 mL－5 L 950 mL
　＝4 L 550 mL

3 ❶ (최대로 실을 수 있는 무게)
$=1$ t$=1000$ kg

❷ 지금 승강기에는 80 kg인 사람이 $6-2=4$(명)
타고, 20 kg짜리 물건이 $12-5=7$(개) 실려 있다.
(80 kg인 사람 4명의 몸무게)
$=80\times4=320$ (kg)
(20 kg짜리 물건 7개의 무게)
$=20\times7=140$ (kg)

❸ (지금 더 실을 수 있는 무게)
$=1000$ kg-320 kg-140 kg$=540$ kg

4 [전략]
(복숭아 3개의 무게)=(참외 4개의 무게)
$\downarrow \div4$
(참외 1개의 무게)
$\downarrow \times3$
(참외 3개의 무게)=(단호박 1개의 무게)

❶ (참외 4개의 무게)$=320\times3=960$ (g)
❷ (참외 1개의 무게)$=960\div4=240$ (g)
❸ (단호박 1개의 무게)$=240\times3=720$ (g)

5 [전략]
(필통 1개의 무게)=(풀 4개의 무게)
$\downarrow \div4$
(풀 1개의 무게)
$\downarrow \times7$
(풀 7개의 무게)=(가위 5개의 무게)
$\downarrow \div5$
(가위 1개의 무게)

❶ (풀 1개의 무게)$=500\div4=125$ (g)
❷ (풀 7개의 무게)$=125\times7=875$ (g)
❸ (가위 1개의 무게)$=875\div5=175$ (g)

6 ❶ 당근 3개의 무게는
가지 $2\times3=6$(개)의 무게와 같다.

❷ 가지 1개의 무게 구하기
가지 1개와 당근 3개의 무게의 합은 980 g
가지 $1+6=7$(개)의 무게와 같다.
➡ (가지 1개의 무게)$=980\div7=140$ (g)

❸ (당근 1개의 무게)$=140\times2=280$ (g)
└ 가지 2개의 무게와 같다.

4주 5일 복습 39~40 쪽

1 36 kg 400 g, 45 kg 900 g
2 4 kg 800 g, 3 kg 400 g
3 15 L   **4** 2 L

1 ❶ 9500 g$=9$ kg 500 g

❷ 지후의 몸무게를 □라 하면
준승이의 몸무게는 □$+9$ kg 500 g이다.

❸ □$+$□$+9$ kg 500 g$=82$ kg 300 g,
□$+$□$=72$ kg 800 g, □$=36$ kg 400 g
➡ (지후의 몸무게)$=36$ kg 400 g

❹ (준승이의 몸무게)
$=36$ kg 400 g$+9$ kg 500 g$=45$ kg 900 g

[참고]
준승이의 몸무게를 □라 하고
지후의 몸무게를 □-9 kg 500 g이라 하여
식을 세워 문제를 풀 수도 있다.

2 ❶ 1400 g$=1$ kg 400 g

❷ 토끼의 몸무게를 □라 하면
강아지의 몸무게는 □-1 kg 400 g이다.

❸ □$+$□-1 kg 400 g$=8$ kg 200 g,
□$+$□$=9$ kg 600 g, □$=4$ kg 800 g
➡ (토끼의 몸무게)$=4$ kg 800 g

❹ (강아지의 몸무게)
$=4$ kg 800 g-1 kg 400 g$=3$ kg 400 g

[참고]
강아지의 몸무게를 □라 하고
토끼의 몸무게를 □$+1$ kg 400 g이라 하여
식을 세워 문제를 풀 수도 있다.

3 ❶ 들이가 가장 많은 그릇은 부은 횟수가 가장 적은
㉯ 그릇이다. ➡ (㉯ 그릇의 들이)$=40\div2=20$ (L)

❷ 들이가 가장 적은 그릇은 부은 횟수가 가장 많은
㉰ 그릇이다. ➡ (㉰ 그릇의 들이)$=40\div8=5$ (L)

❸ (㉯ 그릇의 들이)$-$(㉰ 그릇의 들이)
$=20$ L-5 L$=15$ L

4 ❶ (㉮ 통의 들이)$=20\div5=4$ (L)
(㉯ 통의 들이)$=45\div9=5$ (L)
(㉰ 통의 들이)$=24\div8=3$ (L)

❷ 5 L>4 L>3 L이므로 들이가 가장 많은 통은
㉯ 통이고, 들이가 가장 적은 통은 ㉰ 통이다.
➡ (㉯ 통의 들이)$-$(㉰ 통의 들이)
$=5$ L-3 L$=2$ L

MEMO

초등 수학 라인업

난이도

최상

최강 TOT

최고 수준

최고 수준 S

심화

초등 문해력
독해가 힘이다
[문장제 수학편]

수학도
독해가 힘이다

일등전략

응용 해결의 법칙

유형

유형 해결의 법칙

수학 전략

우등생 해법수학

개념

모든 개념을
다 보는
해결의 법칙

개념 해결의 법칙

개념클릭

똑똑한 하루 시리즈 [수학/계산/도형/사고력]

**기초
연산**

계산박사

빅터연산

최하

평가 대비 특화 교재

수학 단원평가

해법수학
경시대회 기출문제

해법 예비 중학
신입생 수학

정답은
이안에
있어!

수학 전문 교재

● 연산 학습
빅터연산   예비초~6학년, 총 20권
창의융합 빅터연산   예비초~4학년, 총 16권

● 개념 학습
개념클릭 해법수학   1~6학년, 학기용

● 수준별 수학 전문서
해결의법칙(개념/유형/응용)   1~6학년, 학기용

● 단원평가 대비
수학 단원평가   1~6학년, 학기용

● 단기완성 학습
초등 수학전략   1~6학년, 학기용

● 상위권 학습
최고수준 S 수학   1~6학년, 학기용
최고수준 수학   1~6학년, 학기용
최강 TOT 수학   1~6학년, 학년용

● 경시대회 대비
해법 수학경시대회 기출문제   1~6학년, 학기용

예비 중등 교재

● **해법 반편성 배치고사 예상문제**   6학년
● **해법 신입생 시리즈(수학/영어)**   6학년

맞춤형 학교 시험대비 교재

● **열공 전과목 단원평가**   1~6학년, 학기용(1학기 2~6년)

한자 교재

● **한자능력검정시험 자격증 한번에 따기**   8~3급, 총 9권
● **씽씽 한자 자격시험**   8~5급, 총 4권
● **한자 전략**   8~5급Ⅱ, 총 12권

배움으로 행복한 내일을 꿈꾸는
천재교육 커뮤니티 안내 . . .

 교재 안내부터 구매까지 한 번에!
천재교육 홈페이지

자사가 발행하는 참고서, 교과서에 대한 소개는 물론
도서 구매도 할 수 있습니다. 회원에게 지급되는 별을 모아
다양한 상품 응모에도 도전해 보세요!

 다양한 교육 꿀팁에 깜짝 이벤트는 덤!
천재교육 인스타그램

천재교육의 새롭고 중요한 소식을 가장 먼저 접하고 싶다면?
천재교육 인스타그램 팔로우가 필수!
깜짝 이벤트도 수시로 진행되니 놓치지 마세요!

 수업이 편리해지는
천재교육 ACA 사이트

오직 선생님만을 위한, 천재교육 모든 교재에 대한 정보가 담긴
아카 사이트에서는 다양한 수업자료 및 부가 자료는 물론
시험 출제에 필요한 문제도 다운로드하실 수 있습니다.

https://aca.chunjae.co.kr

 천재교육을 사랑하는 샘들의 모임
천사샘

학원 강사, 공부방 선생님이시라면 누구나 가입할 수 있는 천사샘!
교재 개발 및 평가를 통해 교재 검토진으로 참여할 수 있는 기회는 물론
다양한 교사용 교재 증정 이벤트가 선생님을 기다립니다.

 아이와 함께 성장하는 학부모들의 모임공간
튠맘 학습연구소

튠맘 학습연구소는 초·중등 학부모를 대상으로 다양한 이벤트와 함께
교재 리뷰 및 학습 정보를 제공하는 네이버 카페입니다.
초등학생, 중학생 자녀를 둔 학부모님이라면 튠맘 학습연구소로 오세요!